野生動物の
行動観察法

実践 日本の哺乳類学

井上英治
中川尚史 ――［著］
南　正人

東京大学出版会

Methods in Behavioral Observation of Wild Mammals:
A Practical Guide to Mammalogy in Japan
Eiji INOUE, Naofumi NAKAGAWA and
Masato MINAMI
University of Tokyo Press, 2013
ISBN978-4-13-062223-3

はじめに

　近年，野生動物の生態調査のための調査機材や技術の進歩が著しい．GPSや深度計を搭載したデータロガーからの位置情報をもとにした行動圏利用，さらには長距離の季節移動の把握，加速度計，温度計，カメラを搭載したデータロガーを用いた行動解析，遺伝子や放射性同位体を使った食性解析や動物の分散様式の推定，遺伝子やカメラトラップを使った個体数推定などなど．これらにより，夜行性であったり，昼行性でも急峻な山林や海に生息したりしていて，直接観察が困難な動物の生態が明らかになりつつある．

　他方，直接観察が可能な野生動物として，日本ではニホンザルやニホンジカの研究が戦後まもないころから行われてきた．彼らを餌付けすることにより至近距離からの観察を可能にし，徹底的に観察することを通して，彼らの顔やその風貌だけで個体識別をする．そのうえでさまざまな行動を事細かに記録して，それを長期にわたり続けていく．必要なのは，双眼鏡，フィールドノート，鉛筆のみ．餌付けはその後，餌を用いないで動物を人に慣らす人付けへと変わっていったが，「個体識別」「長期継続調査」は，日本霊長類学のお家芸となり，今や世界標準となっている．

　しかし，これも日本の霊長類学の特徴ともいえるのだが，どのように行動を観察して記録するのかといったいわゆるハウツーの部分については，先人の背中を見て盗むべきであるという職人気質なところがあるせいか，教科書的な書籍がほとんどない．1985年に出版された『ニホンザルの生態と観察』（高畑由起夫著）がほぼその唯一の例といえよう．他方，動物の行動全般については，『Measuring Behaviour』（P. Martin and P. Bateson著）があり，1990年にその翻訳書『行動研究入門――動物行動の観察から解析まで』（粕谷英一ほか訳）が出版されている．しかし，欧米では『Measuring Behaviour』は現在も版を重ねているのに対し，残念なことにいずれも現在は絶版となっている．

　本書は，今や入手困難となった動物の行動観察法の日本語で書かれた上記教科書の後継本を意識して企画した．しかしこれらの単なる焼き直しではない．

第1部「方法編」は『行動研究入門——動物行動の観察から解析まで』同様，研究の課題設定から，データ収集，その解析に至るまで研究の一連のプロセスをカバーしているが，実際に初心者が直面している身近な問題を解決できるように具体的な記述を心がけた．また本書は，観察対象を野生動物に特化させていることから，観察の装備，服装，個体識別法などで特色を出した．第2部「実践編」では，『ニホンザルの生態と観察』ではむしろ重視されているハウツーを用いてわかった成果のみならず，採用した方法の概要と併せて紹介する．こうして，それぞれの成果がどのような方法により明らかになったのかを明記することにより，第1部と第2部が有機的につながるよう配慮した．第2部「実践編」で紹介した研究例はその数の多さから，ニホンザルが中心にはなるが，ニホンジカ，ニホンカモシカといった野生で行動観察の成果の挙がっている他の日本に生息する哺乳類の例も紹介する．研究例の選択に当たっては，対象種のみならず，調査地，扱っている行動，データサンプリング法が極力多様となるよう心がけた．最後に巻末資料として，本書で引用した文献のみならず，読者の皆さんがさらに学ぶのに参考となる文献を，日本語で書かれた書籍を中心にリストアップしておいた．

　興味深い成果が具体的にどのような方法で得られるのかが見えてくれば，読者の皆さんにも野生動物の行動研究をもっと身近に感じてもらえるであろう．そうすればきっと自分でも試しにやってみようという方々も出てくるに違いない．また，大学や高校において生物に関する実習を担当されている先生方には，ぜひ本書を参考にしていただき，学生，生徒諸君を野生動物の行動観察に誘っていただきたい．海外で野生動物の研究がしたい人，国内でも直接観察が困難な動物に関心のある人，そんな皆さんも，一度でも身近なところで本書を片手に行動観察のトレーニングをしておくことは，きっとその後の糧になると確信している．

目次

はじめに ……………………………………………………………………………… i

第1部　方法編 ……………………………………………………………………… 1

1 | 研究計画法 ……………………………………………………………………… 3
　1.1　研究のプロセス概観 ……………………………………………………… 3
　1.2　テーマ設定，研究計画の立て方 ………………………………………… 6
　　　(1) 研究テーマを設定するプロセス　6
　　　(2) テーマ設定と仮説設定　6
　　　(3) 対象種，調査地，調査時期の決定　7
　　　(4) 予備観察とデータ収集法の決定　10
　　　(5) 先行研究の参照　11　　(6) 他の研究者に相談　12

2 | データ収集法 …………………………………………………………………… 14
　2.1　データ収集の前に ………………………………………………………… 14
　　　(1) 一般的な装備　14　　(2) 服装　15
　　　(3) 野外観察における危険対処法　17
　　　(4) 調査地でのマナー　18
　　　(5) 動物の観察・発見の方法　19　　(6) 群れ・個体の識別　21
　　　(7) 性・年齢クラスの識別　24
　2.2　行動の定義・記述方法などの諸注意 …………………………………… 27
　　　(1) どのような行動をどうやって記録するか　27
　　　(2) 行動目録（エソグラム）　29　　(3) 擬人主義　30
　　　(4) 記録媒体　31
　2.3　データ収集法 ……………………………………………………………… 34
　　　(1) アドリブサンプリング　35　　(2) 個体追跡サンプリング　37
　　　(3) スキャンサンプリング　41　　(4) 全生起サンプリング　42
　　　(5) 行動に着目したその他のサンプリング　43
　　　(6) 観察日記と多様な情報の記録　45

3 | データ解析法 ……………………………………………………… 47

3.1 データ入力 ……………………………………………………… 47
(1)量的なデータ 47　(2)記述的なデータ 48

3.2 データ分析 ……………………………………………………… 50
(1)データ分析の手順 50　(2)統計に関する基本的注意 51
(3)データの尺度水準 51　(4)代表値とデータのばらつき 52
(5)統計的検定とモデル選択 53

3.3 成果発表 ……………………………………………………… 56
(1)学会やセミナーでの発表 56　(2)論文・報告書での発表 57

第2部　実践編 ……………………………………………………… 59

4 | 生態 ……………………………………………………………… 63

4.1 行動圏，縄張り，土地利用 ……………………………………… 63
(1)群れの行動圏 63　(2)個体追跡による個体の縄張り 64
(3)ルート踏査による個体の行動圏 67　(4)食物の分布と土地利用 69
(5)移動能力 69

4.2 活動の時間配分と活動カテゴリー ……………………………… 72
(1)活動時間配分の季節差と地域差：食物の質と分布に注目して 74
(2)活動時間配分の季節差と地域差：ダニの生息密度に注目して 77
(3)活動時間配分の性差・年齢差 78　(4)活動の同調 81
(5)活動時間配分の順位差 83　(6)活動時間配分と子の有無 85

4.3 採食 …………………………………………………………… 86
(1)食物リスト 87　(2)回数で測定した採食量（ルート踏査）88
(3)回数で測定した採食量（ランダム踏査）90
(4)時間で測定した採食量 91　(5)重量で測定した採食量 92
(6)食物のアベイラビリティーと採食時間の季節差 96
(7)食物の化学成分と食物選択 99　(8)食物パッチ選択 100

5 | 社会 ……………………………………………………………… 103

5.1 地域個体群構成 ………………………………………………… 103
(1)個体群構成と生命表 103

5.2 群れサイズ，構成，移出入，空間配置 ………………………… 105
(1)雄の群れへの移出入と順位 106
(2)単独生活者の配偶関係 107　(3)グループ構成 109
(4)グループ構成の季節差 110

5.3 社会行動 ·· 111
    (1) 個体間関係によるグルーミングパターンの違い 112
    (2) グルーミングパターンの社会的伝達 114
    (3) 餌乞い行動の個体学習 116   (4) 仲直り行動 118
    (5) 援助行動 120   (6) 社会的遊び 121   (7) ひとり遊び 122
    (8) モニタリング行動：見回しと発声の量 123
    (9) モニタリング行動：発声の質 125   (10) 音声レパートリー 126
    (11) 音声の機能 128

5.4 社会関係 ·· 130
    (1) 群れ内の親和的関係 130
    (2) 群れ内の順位関係と親和的関係 134
    (3) 孤児の親和的関係 135   (4) 群れ間の敵対的関係の地域差 136

6 │ 繁殖 ··· 138

6.1 求愛・交尾 ··· 138
    (1) 交尾期に特有なさまざまな行動 138
    (2) 雄の交尾成功：雄間競争 140
    (3) 雄の繁殖成功：雄間競争 142
    (4) 雄の繁殖成功：雄の生涯繁殖成功の解明に向けて 144
    (5) 配偶者防衛 146   (6) 雄の繁殖成功：雌の選択 147
    (7) 性ホルモンによる排卵日の推定 148

6.2 出産, 育児, および子供の発達 ·· 150
    (1) 出産 151   (2) 授乳の推定 152   (3) 授乳の拒否 153
    (4) 隠れ型のアカンボウ 154
    (5) 群れ生活者のアカンボウの発達の性差 155
    (6) 単独生活者のアカンボウの発達の性差 156

7 │ 異種間関係 ·· 160

7.1 種間競争関係と捕食・被食関係 ·· 160
    (1) 種間干渉 160   (2) モビング 162

7.2 花粉散布と種子散布 ·· 164
    (1) 花粉散布と花破壊 164   (2) 種子散布の距離と地形 165

7.3 異種混群 ·· 167
    (1) 異種混群のメリット 167   (2) 異種混群の形成メカニズム 169

おわりに……………………………………………………………… 170
さらに学びたい人へ…………………………………………………… 172
引用文献………………………………………………………………… 176
索引……………………………………………………………………… 181

第1部　方法編

　第1部「方法編」では，野生哺乳類の行動観察の方法を中心に，研究計画の策定から成果発表に至る研究の一連のプロセスを紹介していく．行動データの詳しい収集法のみならず，装備や服装などの基本的な情報も紹介し，フィールドワークの初心者でも使用できるように心がけた．一方で，大学院に進み，将来独立した研究者の道へ進む学生にも役立つように，研究テーマの設定や調査地の選定などについても詳しく説明した．そのため，読み手の立場により，不要であると感じる内容を含んでいるかもしれないので，そのような場合は，適宜読み飛ばしていただきたい．また，第1部が力を入れている行動データの収集法だが，実際にはそれぞれの研究者がそれぞれの対象種で工夫しながら調査を行っているので，必ずしもすべての収集法が網羅されているわけではない．したがって，観察がしにくく，データ収集法に工夫が必要な動物を対象とした研究については，第2部「実践編」を読んでいただくほうがわかりやすいのではないかと思う．「実践編」で，それぞれの研究で行われた具体的な方法を記載してあるので，「実践編」を先に読んで，関心をもった研究で使用されていた方法論を「方法編」で学ぶという読み方もよいかもしれない．

1 研究計画法

1.1 研究のプロセス概観

研究とは,以下のいくつかのプロセスで成り立っている(図1.1).それぞれの内容の詳細を説明する前に,それぞれのプロセスについて簡単に説明しておく.

I. テーマを決め,研究計画を立てる
　(i) テーマ設定と仮説設定

研究において,もっとも大事で,自分らしさが発揮できるのがテーマを設定するプロセスである.当然ながら,自分が知りたいことがテーマになるのだが,ただ自分が知りたいだけではよい研究には結びつかない.これまでの研究で得られている内容を踏まえ,そのテーマの何が面白いことなのかを吟味する必要がある.最初は難しいと思うかもしれないが,一度研究を行うと,その過程でいくつかの新しいテーマが見えてくることが多い.仮説は,テーマを具体的にする際に役立つもので,その仮説に沿えば,どのような観察結果が得られるか

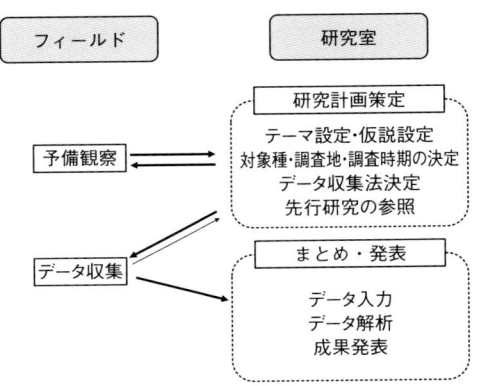

図1.1　研究プロセスの概念図.

という予測が立てられるものでなければならない．また，仮説を明らかにすることで，自分のテーマにある程度の答えを与えるものでなければならない．ひとつの仮説，ひとつの予測だけでは，結果によっては十分に自らの疑問に答えられない可能性があるので，複数の仮説や予測を考えておく必要がある．思い込みや幻想を排除して，多くの可能性を考えておくことは，解析の過程で重要となってくる．しかし，あまり研究が進んでいないテーマの場合などは，事前に仮説を立てるのが難しい場合もあり，その場合は研究を通じて，新たな仮説を提唱すればよい．

　(ii) 予備観察

　予備観察を行うタイミングは，研究の内容や研究者の状況によりさまざまである．予備観察を最初にしてからテーマ設定を行う，大まかなテーマを設定したうえで予備観察を行う，テーマだけでなく仮説や予測を立てたうえで予備観察を行うなどの場合がある．どのような場合であれ，予備観察は欠くことのできない重要なプロセスであり，予備観察なしに机上で組み立てた内容だけで，本観察を行うことは勧められない．

　(iii) 対象種・調査地・調査時期の決定

　どの動物で，どこの調査地でデータを収集するのかを決定する必要がある．対象種を決めた後にテーマを設定する場合もあるが，自分で立てた仮説を明らかにするには適した対象種で研究したほうがよい．また，対象種が定まったとしても，さまざまな調査地がある場合では，その中で最適な調査地を選択する必要がある．さらに，対象種やテーマによって，調査するのに適した季節や時間帯がある．これらのことに十分に配慮して，研究計画を立てたほうがよい．

　(iv) データ収集法の決定

　行動データ収集法には，テーマごとに適した方法があるわけではなく，それぞれの仮説に沿ったデータを収集しなければならない．また，仮説検証に適した行動観察が必ずしもすべての対象種や調査地でできるわけではないので，対象種や調査地での観察条件に適した方法でなければならない．研究経験が浅いうちは，データ収集法を決定した後，自分が必要とするデータがきちんと収集できるかを検討するために，予備的にデータ収集と分析をしてみるとよい．これを怠ると，膨大なデータを収集した後に頭を抱えることになる場合がある．

　(v) 先行研究の参照

動物行動に関する多くの研究がなされてきたので，自分が設定したテーマに近い内容の研究が行われていることが普通である．研究テーマを設定した後に，これまでにそのテーマに関して，どのような研究がなされてきているのか，何が問題となって，どこまで明らかにされているのかを文献で調べる必要がある．

II. データ収集

データ収集は基本的にあらかじめ立てた計画に従って行えばよい．ただし，対象種の近くに長期間いられるのはデータ収集時しかないので，自分で決めたデータ収集以外のことも注意深く観察し記録すべきである．こうした観察記録の中に，結果を考察する際に重要な観察や次の新たなテーマにつながる発見があるはずである．

III. データのまとめと成果発表

（i）データ解析

フィールドで得られたデータを表計算ソフトなどに入力する際には，少しデータを入力してみた後に，実際に自分が思っている解析がスムーズにできるかを確認したほうがよい．量的なデータを扱う場合，統計的解析も重要であるが，その前に何が仮説に必要な結果であるかを十分に吟味しなければならない．また，当初予期していなかった仮説を新たに設定する必要が生じる場合もあるので，当初の仮説検証だけにこだわらず，観察での印象も頼りにしながら，自分のテーマに関するさまざまなグラフや表を作成してみるとよい．

（ii）成果発表

成果を公表する際は，自分が得られたデータから何がいえるのかを設定したテーマに即して，正しくわかりやすく伝える必要がある．成果を発表すると，他の研究者からコメントがもらえ，自分だけでは気づかなかった改善点に気づき，研究内容を洗練できることもあるので，積極的に他の人の意見に耳を傾けてほしい．とくに，研究を始めたばかりのころは，なかなか自分では研究の問題点に気づかないので，よい研究にするために，他の人の意見を参照したほうがよい．

1.2 テーマ設定，研究計画の立て方

(1) 研究テーマを設定するプロセス

　野外調査を始めるまでのプロセスには，「テーマと仮説の設定」「対象種・調査地・調査時期の決定」「予備観察」「データ収集法の決定」「先行研究の参照」がある．このプロセスは，必ずしもこの順番で進めるものではなく，その進め方はそれぞれが置かれた状況や指向性，あるいは経験により多様である．ここでは，この中でも重要なテーマ設定の道筋について説明する．

　自由に対象種や調査地が選べる状況であれば，明らかにしたいテーマが何かを設定することが重要となる．研究を始める場合，おぼろげでも自分の関心のあるテーマがあるはずなので，それに関連した面白い仮説を考えることを行うべきである．そして，その仮説を明らかにするために適した対象種と調査地を選定する必要がある．テーマより先に，対象種，あるいは調査地を決めて研究を始めようと思った場合は，その動物種，あるいは調査地に惹かれた理由を自問し，その理由に関連したテーマを設定し，その対象種や調査地で研究を行えばよい．しかし，そのようにして決めたテーマに適した対象種や調査地が他にあるならば，対象種や調査地によほどのこだわりがある場合を除いて，対象種や調査地を変更して研究を進めたほうがよい研究ができる．

　ただ現実には，自由に対象種や調査地を選べないことも多い．その場合は，調査地へのアクセスが不便でない限り，机に向かってテーマをあれこれ悩む前に調査地へ赴き，予備観察をするとよい．また，対象種や調査地を自由に選べる場合であっても，テーマがはっきり定まっていないのであれば，自分の興味のある種を対象に予備観察することを勧める．調査地へのアクセスが困難であれば，近隣にある動物園や野猿公苑など自分の対象とする動物種もしくは近縁種が観察できる場所で，予備観察を行うとよい．予備観察で気になったことをテーマとすればよい．

(2) テーマ設定と仮説設定

　予備観察などからおぼろげにテーマを決定した後，そのテーマが研究として成り立つかを考えなければならない．とくに将来独立した研究者を目指す学生

には，このことを強く意識してほしい．すでに誰かが明らかにしたことをまったく同じように研究しても面白くないが，新しいことならば何でも研究になるわけではない．そこには，多くの研究者が面白いと思える内容がなければならない．自分が面白いと思えるテーマであることは重要であるが，自分だけしか興味をもたないテーマでは研究として成り立たない．研究として成立させるためには，そのテーマが「なぜ面白いと思えるのか」を自問し，それを理論立てて人に説明できる必要がある．研究を始めたばかりの学生は大変に感じることもあると思うが，興味をもったテーマには自分なりの理由があるはずなので，それを紐解いていくとなぜ面白いかを説明できるはずである．

　他人に自分のテーマの面白さを説明するためには，具体的な仮説を考えるとよい．仮説を立てることにより，自分が知りたいことや気になっていることが，具体的になってくる．仮説はひとつではなく，複数あったほうがよい．自分のテーマに関する異なったレベルの仮説を立てる場合や，対立する仮説を立てる場合もある．仮説を立てるためには，予備観察を活用するとよい．もちろん，ある程度は観察なしに考えることも可能であるが，実際にどのようなデータを収集できるかがイメージできないと具体的な仮説は立てにくい．その仮説をもとに論理的に類推できるのが予測であり，予測は実証されるものでなければならない．また，仮説から複数の予測が導き出せることもある．予備観察を通じて，収集するデータや分析する方法などをイメージして，仮説を立て，予測を導く必要がある．

　最近は，仮説を検証するタイプの論文が多いが，あまり研究が進んでいないなどの理由で，研究を行う前に具体的な仮説を立てるのが難しい場合もある．そのような場合は，そのテーマがなぜ重要かを十分に考え，その説明が多くの人を納得させるものであれば，研究として価値あるものと認められるだろう．そして，その研究を通じて，新たな仮説を提唱すればよい．また，基礎的な情報自体が重要な場合も，必ずしも仮説を立てる必要がない．その情報がなぜ重要なのかを吟味し，結果が得られた後に，これまでの知見も踏まえ十分に議論するために必要なデータが何であるかを考慮すればよい．

(3) 対象種，調査地，調査時期の決定

　テーマや仮説の設定とも大きく関連するのが，対象種と調査地の選定である．

対象とする動物種や分類群を定めてからテーマ設定を行う場合もあるし，テーマ設定をした後に適した動物種を決める場合もあるだろう．しかし，両者は密接に関係していて，なぜその種でそのテーマで研究する必要があるのかを考えなければならない．ある程度対象種を決めていた場合でも，設定したテーマに関する仮説を検証するのにより適した動物種がいるのであれば，そちらを選択したほうが研究としてよいものになるだろう．さらに，同じ動物種でも，調査地により，環境が異なっている場合がある．とくに，日本の哺乳類を対象にするならば，寒暖の差や標高の差など地理的な違いも存在するので，そのような環境の違いを踏まえたうえで，対象種と調査地を選ぶのが理想的である．

あるテーマに関して，対象種で同様の研究がなされていない場合でも，必ずしも面白い研究になるとは限らない．その研究が他の研究者にも面白いと思ってもらうためには，それなりの理屈が必要である．たとえば，「雄の順位が交尾回数に及ぼす影響」を研究のテーマとし，「順位の高い雄ほど，交尾回数が多い」という仮説を立てたとする．この仮説は動物種AやBで成立することが示されているが，近縁のC種では調べられていなかったとする．「C種では研究がないから調べることにした」といわれて，「面白そうだね」と思えるだろうか．ここで，A種やB種は群れ内の雌の数に比して群れ内の雄の数が少ないが，C種では群れ内の雄の数が相対的に多いとする．そこで，「C種は，A種やB種に比べ群れ内の雄の数が相対的に多いので，必ずしも順位の高い雄の交尾回数が多いわけではないかもしれない」と考え，「C種で雄の競合のあり方も含めて，交尾行動を調べることにした」といわれたら，どんな結果が得られるか知りたくはならないだろうか．これは，A，B，Cを動物種でなく，同じ種の別の調査地と置き換えてもよい．ある種で同じような研究がなされていたとしても，環境条件が異なる調査地で調査することは意義深い．とくに，同一種内で比較する場合，進化的な違いがほとんどないので，より直接的に行動の差に影響している要因を明らかにできる．

以上のことは，あくまで理想的な状況であり，野生哺乳類が詳細に観察できる調査地はそれほど多くの選択肢がないのが現状である．また，調査を実施するためには，関係者の許可が必要な場合がある．とくに調査許可が必要でない場合でも，他の研究者や研究グループが調査している場所では，他の研究者と研究内容が重複しないように調整する必要がある（2.1 (4) を参照）．このよう

な状況もあるため，自分の置かれた状況により，ある程度研究できる対象種や調査地は限られてしまう場合も多い．一方で，日本では地域ごとの動物の基礎的な調査が論文として残っていないことが多いという現状もある．他地域で同様の研究がなされている場合でも，地域の特性を意識しながらその動物の調査を行い，それをきちんと論文にしておくことは，その動物種の生態の多様性や保全を考えるうえで意義深い．

　また，適切な調査時期は，テーマや対象種と深く関係している．日本には四季があり，それぞれの季節に応じて，動物の行動は変化している．たとえば，多くの哺乳類で交尾や出産をする時期は限られているので，繁殖に関わる行動を調査するためには，その期間に観察しなければならない．さらに，食物や気象が関わっていそうな行動圏，活動の時間配分，群れ間の敵対的関係などの研究では，食物や気象が季節的に変化するため，季節による違いを検討する必要が出てくる．このように，日本の哺乳類の調査を行ううえで，いつの時期に調査を行うかは，テーマや仮説と大きく関連した重要な検討事項である．とくに，季節性のある行動を観察する場合は，十分に予備観察の時間を割けないことも想定されるので，あらかじめ調査計画を練っておく必要がある．

　さらに，観察時間帯も，テーマや対象種によって変わってくる．非活動時そのものをテーマにする場合（第2部第5章研究例36参照）を除けば，対象種の活動時間帯に合わせ，ニホンザルのような昼行性の動物は日中に，ムササビやモモンガのような夜行性の動物は夜間に観察するのは当然のことである．しかし，昼行性の動物は夜間，夜行性の動物は昼間ずっと眠っている保証はあるだろうか．また，ニホンジカのように日中も夜間も活動することが知られている動物の場合では，詳細な観察には十分に光のある日中に観察することが望ましいが，夜間も同じ行動をしているという証拠はあるだろうか．日中は人間の活動している場所を避けて行動し，夜間はそのような場所も含めて使っていることはよくあることである．ニホンジカの雌のように交尾可能な時間がほぼ24時間続く場合には，夜間も観察しなければ，交尾関係をすべて確認したことにはならない．したがって，日中を中心に調査を行う場合でも，可能であれば何回かは夜間にも観察して，夜間と日中でさまざまな行動や利用する空間に大きな差がないことを確かめておいたほうがよい．

(4) 予備観察とデータ収集法の決定

　テーマを設定する前でも，ある程度テーマが決まった後でも，予備観察は重要である．テーマ設定するための予備観察で心がけるべきことは，直感を働かせることである．さまざまな視点で行動観察を行い，ただ行動を機械的に記録する以上に目の前で繰り広げられていることを感じ取る必要がある．とくに，あまり勉強をしていない段階で感じ取ったことが，その後の研究に重要になることがある．さまざまな知識が固定観念となり，ときに柔軟な発想を奪ってしまうことがあるからである．大学生や高校生の実習を担当して行っていると，あまり専門分野のことがわかっていないがゆえに，こちらが想定していないような面白いことに着目する学生，生徒に驚くことがある．もちろん，彼らの着目したテーマの中には，多くの研究がなされてきたものや的外れなものもあるが，これまで誰も研究していないが研究すれば新たな発見がありそうなテーマも含まれている．自分自身の感性を信じて，面白いと思ったことをどんどんメモしておくとよい．

　予備観察は，テーマを決めた後に，詳細な研究計画や仮説を立てる際にも行うべきである．机上で考えた計画をいきなり野外で実施すると，うまくいかない場合がある．とくに，経験が浅いうちは，予備観察なしにデータ収集を始めるべきではない．自分が明らかにしたいことに関わるデータで実際にどのようなデータが収集可能かを見定める必要がある．第2章でデータ収集法（2.3節）について紹介するが，テーマに適した方法でデータを収集しようとしても，観察条件などが影響し，実施できない場合がある．また，さまざまな角度からテーマを検証しようとして，データ収集の項目を増やしすぎても，正確にデータを収集できなければ意味がない．収集すべきデータの優先順位を考慮して，何をどのように収集するか定めなければならない．予備観察をしてみて，ほかに収集すべき事項があることに気づくこともある．

　予備観察で得られたデータは簡易的に入力，解析してみるとよい．予備的な解析をすることで，収集したデータで仮説の検証が可能であるかを確かめられ，適切なデータ収集法に修正することができる．場合によっては，当初想定していたデータが収集できないことに気づき，仮説の修正をする必要が出るだろう．このようなステップを踏まずに本調査を行って，膨大なデータがあるのに自分

の示したい解析がなかなかできないという恐ろしい事態に直面している学生もいるので，注意してもらいたい．

(5) 先行研究の参照

　研究テーマや仮説を設定するうえで，先行研究を参照することは必須である．先にも述べたように，すでに行われた研究と同じことを明らかにしようとしてもあまり意味がないし，自分のテーマに関して，これまで実施されてきた研究を知っていなければ，面白い研究には結びつかない．そもそも，何の知識や経験もなしに，自分が面白いと思う研究テーマを見つけることはできないと思うので，ある程度の予備知識は必要である．また，先行研究の参照は大きなテーマ設定をした後，その研究を位置づける際にも重要となる．先行研究を参照することで，自分が面白いと感じていることの何が新しく，自分の研究が対象とする研究分野に対してどのような貢献ができるのかを位置づけることが可能となる．これは学術論文にする際には，とても重要なことで，これまでの研究の流れにおける自分の研究の位置づけができていないと，論文として採択される可能性は低いだろう．

　一方で，あまり先行研究を気にしすぎてしまうと，新たな発想の研究ができないこともある．先行研究の結果をただ鵜呑みにするのではなく，多少懐疑的に読んでみるのもよいだろう．どのようなデータをもとに主張がなされているのか，それは妥当な方法でなされているのか，見逃されている論点はないのか，などを気にしながら読むと，違った側面からの研究が可能となるとともに，自分の研究計画の問題点に気づくこともある．とくに，野生哺乳類の行動観察では，観察上の制約から，最適な観察項目を記録することができず，それに代わる次善の方法でデータを収集している場合や，コントロールできない自然下で行われているので，見落とされていた条件がじつは重要だったりする場合がある．そのようなことを踏まえたうえで，先行研究を読み，自分の研究で何を明らかにするか考えるのがよい．

　行動研究についてはさまざまなアプローチが存在するが，1973年にノーベル医学生理学賞を受賞したオランダの動物行動学者ニコ・ティンバーゲンの分類は，行おうとしている研究の位置づけを見直すうえで役立つと思われるので，ここで簡単に紹介したい．ティンバーゲンは，行動研究の問いを大きく4種類

に分類した．

I. 因果関係，直接的メカニズム
    ある行動が発現する際にどのような直接的な要因があったかを探求する問い．内的な要因である神経やホルモンの作用やそれに作用する外的な環境要因などが含まれる．
II. 生存価
    ある行動が生存や繁殖にどのように有利であるかのように，行動の機能や目的を探求する問い．
III. 個体発生，発達的側面
    ある行動が動物の一生の間で，どのように発現してきたかを探求する問い．
IV. 進化，系統発生
    ある行動が長い進化の過程において，どのように形成されてきたかを探求する問い．

以上 4 つの問いを個人の研究者が短い期間にすべて行うのは難しいと思われる．たとえば，進化に関する問いを明らかにするためには，ひとつの動物種の研究をしていても解明できないので，さまざまな近縁種の研究を行わなければならない．また，野外での行動観察では，神経生理学的な研究は行いにくく，行動を制御する内的要因を探ることは難しい．ただし，最近は尿や糞からホルモンの分析ができるようになったので，ホルモンと行動の関連などの研究が行われるようになってきた．

野外で哺乳類の行動研究を行う場合，テーマ設定をする段階では，必ずしも 4 つの問いを強く意識する必要はない．予備観察で感じた違和感などを手がかりに自分のテーマを設定し，そのうえでテーマに沿った仮説を考え，それぞれの仮説が行動のどういった側面を明らかにしようとしているのかを考えればよい．

(6) 他の研究者に相談

わざわざ指摘することでもないが，テーマや研究計画がある程度定まった後，可能であれば身近な研究者に相談するとよい．学生であれば，所属研究室の先

生や先輩に研究計画を聞いてもらうのが普通であろう．聞いてもらう相手は，その分野の専門家であることが望ましいが，必ずしも専門家でなくても聞いてもらう意義はある．最初から，きちんとした理屈を立てて，研究計画を策定できる研究者はなかなかいない．傍目八目（おかめはちもく）というように，当事者以外のほうが冷静に判断できることがある．そのため，研究に対する知識や能力が同等の同輩に話を聞いてもらうことも非常に意義深いのである．自分で見直す場合でも，少し頭を冷やしてから見直すと多少客観視することができて，欠点に気づくこともある．

2 データ収集法

2.1 データ収集の前に

(1) 一般的な装備

装備については，研究テーマによっても異なるので，一般的なものについてのみ，簡単に説明する．

デジタル式腕時計

収集するデータにもよるが，秒まで表示されるものを使用するのがよい．一定時間ごとにデータ収集する瞬間記録やワンゼロ記録をする場合は，一定時間ごとに音が鳴るオートリピート機能のついた腕時計やストップウォッチを使用するのがよい．

フィールドノートと筆記用具

フィールドノート（野帳）は，好みにもよるがシャツの胸ポケットに収まるくらいのサイズがよい．表，裏表紙とも硬く，立ったままの姿勢でも書きやすく，3 mm の方眼紙でできていてスケッチがしやすいコクヨ社製 Sketch Book は定番といえる．表紙の硬さにこだわらないか，逆に持っていて違和感を覚える人には，値段の安さも手伝って，同じくコクヨ社製 A6 サイズのキャンパスノート（6 mm 幅罫線入り）が人気である．筆記用具は，データの種類や重要度などに色分けできる多色ボールペンが便利である．雨の中でもデータを収集する必要がある場合は，防水ノートと油性ペン，もしくは水に濡れても使用できる鉛筆やシャープペンシルを使用するとよい．いずれも落としてしまう可能性があるので，必ず予備を用意しておいたほうがよい．また，紐をつけて，首からぶら下げるのもなくしにくいのでお勧めである．

双眼鏡

　至近距離からの行動観察が可能な場合でも，個体識別のために個体の微細な特徴を確認したり，遠くにいる同種他個体や他種を含めた環境を把握したりする必要があるので，必携である．双眼鏡は，倍率，明るさ，視野の広さ，重量などを基準に選ぶとよい．倍率の高い双眼鏡は，暗く見えたり，視野が狭かったり，重かったりするので，定点での観察以外，あまり高い倍率のものは勧められない．遠くからの観察で高い倍率が必要な場合でも，つねに持ち運ぶ場合は8～10倍程度で十分だろう．逆に至近距離から個体の特徴を確認する際，意外と困るのが，距離が近すぎて焦点が合わないことである．そのためには距離が短くても焦点が合う「最短合焦距離」の短い機種を選ぶ必要がある．さらに，野外観察では，雨に濡れることがあるので，防水機能があるものを勧める．

デイパック

　調査に必要な小物などを入れるのに30 l 程度のデイパックがあると便利である．デイパックの外側に網がついているものがあるが，藪の中に入っていく場合は，引っかかりやすいので，網がついていないものを勧める．

地図とコンパス，およびGPS

　安全確保のためにも調査のためにも地図とコンパスは必携である．国内の場合は，国土地理院の2万5千分の1の地形図が便利である．さまざまな情報を地図に記録する場合には，自分で拡大した地図を作製する場合が多い．地図を内蔵したハンディなGPS機は，正確な現在位置を知るのに便利である．また，位置の記録もでき，その情報をパソコンに取り込めるので重宝する．しかし，自分で地図を読むことは多くの調査の基本なので，自分の居場所を確認するためにGPSに頼るのはよくない．GPSは電池の消耗が激しく，電池がなくなれば，自分の位置がわからなくなるようでは危機管理もできない．

(2) 服装

　基本的には，動きやすく比較的丈夫で汚れてもよい服装ならば何でもよい．それぞれの環境・季節に応じて，適したものは異なるが，いくつか一般的な注意点を挙げておく（図2.1）．

図2.1 一般的な装備や服装．（井上さと子氏描画）

長袖シャツ・長ズボン

虫などに刺されにくくするため，藪などをかき分ける際に木の枝や棘などで怪我しないため，植物のかぶれを防ぐため，直射日光から肌を守るためなどの理由で，長袖シャツ・長ズボンの着用が望ましい．デニム生地のものは，とくに濡れると重くなり乾きにくいのであまりお勧めできない．化繊の作業着は，速乾性でポケットも多く，何より安価でありお勧めである．ズボンの裾は，ヒルやダニ予防のためには靴下の中に入れておいたほうがよい．

防暑・防寒対策

日焼けをすると思った以上に疲労を感じることがある．直射日光が強い場合は，帽子やサングラスなどを着用して日差しをできるだけ避けるとよい．ただし，視界が狭くなるといった調査上のデメリットも考慮のうえ，判断するべきである．熱射病予防には，首に濡れタオルや濡れ手ぬぐいをかけるのもよい．また，寒さは体温を奪い，体力を消耗させる．発熱繊維製の下着や動きやすさを損なわない上着を重ね着する．ネックウォーマーはともかく防寒帽やフェイスガードは確かに暖かいが，視界を狭めたり音を聞こえにくくしたりするデメリットがある．寒さで手がかじかむともっとも肝心なフィールドノートの記録がとれなくなるから手袋は必需品ではあるが，あまり厚手のものを着用すると逆に筆記用具が使いにくくなる．指先のないものを使うか，薄手の手袋を使い

捨てカイロで補うといったちょっとした工夫が必要である．

靴

　調査環境に適したものを使用すればよい．多くの環境では，履き慣れた運動靴や軽登山靴で事足りるであろう．スパッツを併用すれば，落ち葉や小枝が靴に入り込むのを防いだり，ヒルやヘビ対策にもなる．湿地や川が多い場所などでは，やはりヒルやヘビ対策にもなるので，折り返しのついた歩きやすい長靴を持っていると便利である．

雨具

　野外での調査では，レインウェアの上下を持っていると便利である．藪を歩かなくてはいけない場合は，安い薄手のレインコートだとすぐに穴が開いてしまうので，しっかりした生地のものを選ぶとよい．また，折り畳み傘が使える環境では，傘の下で防水機能のないノートでもメモがとれるので，持っていると便利である．

フィールドベスト

　ポケットが多いフィールドベストを使用すると，多くの装備がすぐに取り出せるので便利である．最近はビデオカメラも小型化しているので，大きいポケットに収納できることもある．自分が必要な装備が入るフィールドベストを用いるとよい．

(3) 野外観察における危険対処法

　野外観察では，さまざまな危険に対して自分で回避する心構えが必要である．そのためには，危険についてあらかじめ想定し，対処法を習得しておくべきである．海外で治安に気を配るのはもちろん，国内でも研究活動中に滑落して死亡した例もあり，身近な調査地でも油断してはならない．

　海外では，人間を襲う動物がいる地域もある．国内でも，クマや毒ヘビ，ハチなどには注意を要する．クマについては，熊鈴など音が出るものが遭遇の回避に有効であるが，対象動物の観察に支障が出る場合がある．この場合は，観察中で音を出せないときには，藪などでクマと遭遇しやすいところでは周りの

音やにおいに注意して行動する．観察に支障の出ないときには熊鈴やラジオなどで音を出すとよいだろう．クマの多いところでは，クマスプレーを装備し，つねに発射できるようにしておくとよい．ハチについては，巣に近づかなければ，襲われることはほとんどない．巣に近づいた場合は，ハチが警戒を始めるので，それに気づいたら，すぐにその場を離れたほうがよい．とくに，ハチ毒によるアナフィラキシー反応を起こした経験のある人は，エピペン（アドレナリンの自己注射器）を持参して十分に用心すべきである．その他詳しくは，危険生物に関する類書を参照してほしい．

動物を追跡している際に，怪我をする可能性もある．十分注意して行動するとともに，救急用具を装備し，普段から使えるようにしておくとよい．人里から遠く離れた調査地では，緊急連絡手段の確保と，外傷薬だけでなく内服薬などの薬，眼鏡などの装備の予備なども必要である．また，破傷風の予防接種なども受けておくとよい．

(4) 調査地でのマナー

国内での調査の場合には，土地には必ず所有者が存在する．国有林では森林管理署に入林許可を得て入林する．私有地では，事前に土地所有者に挨拶し許可を受けるとよい．一般観光地になっている公園などでは許可が必要でないこともあるが，その場合でも管理者などに挨拶をしておくと，さまざまなトラブルを回避できることが多い．また，さまざまな協力を得られることもある．動物園や野猿公苑を利用しようとするのであれば，責任者に事前に調査を申し込む必要がある．研究活動は社会活動の一部であるので，関係者と良好な関係を維持することが望ましい．そうすれば，成果を挙げられると同時に，研究成果の調査地への還元もしやすくなる．文部科学省や日本学術振興会の科学研究費の申請などでは，研究成果の還元の方法の記載も求められる．

海外の場合には，国内以上に確認が必要である．その国の調査許可だけでなく，どのような人間関係を築くのかが，成果に大きく影響する場合もある．指導教員や先輩，その調査地で研究していた先達に助言を受けるのがよいだろう．

他の研究者が同じ調査地で同じ対象動物をすでに研究している場合には，その研究者との相談が必要である．その研究が現在も続いている場合には，自分のテーマがそのテーマと重ならないかについては注意が必要である．テーマが

重なって競合するときには，その調査地は避けたほうがよいだろう．テーマが重ならない場合には，共同で研究したり，有用な情報の交換ができる関係になれるかもしれない．その研究がすでに終わっているときには，比較的自由にテーマを選ぶことができる．しかし，その場合でも，先達がその調査地の調査環境を整備してくれた可能性もあるので，敬意をもって対応するとよいだろう．

　いくつかの調査地，とくに野猿公苑などでは，そこでの動物の生息について管理者が管理のために予算や人員などを投入しているところがある．その場合には，そのような努力に対する敬意が必要である．また，識別情報や家系情報，出生情報など個体についての情報などが蓄積されているところもある．そのような情報を得るには，研究者やアマチュアの愛好家，管理者などが莫大なエネルギーを投入してきたに違いない．それを使わせてもらって調査をすることは研究のレベルを大きく高めることになるが，それに対する感謝の気持ちをつねに持つべきである．それらの情報は，その調査地に「あった」のではなく，他の人の「努力の成果が残されていた」と認識すべきである．

(5) 動物の観察・発見の方法

　野生動物の行動観察をする場合，多少でも人に慣れている動物で行うことが多い．動物を慣らす方法として，食べ物を用いる「餌付け」と用いない「人付け」がある．食べ物を用いたほうが慣れやすいが，食べ物をくれない人間に危害を加えたり，農作物の食害に発展する場合もあるので，観察者個人が野生動物を餌付けするのは避けるべきである．一方，「人付け」は，野生動物にとって人間を食べ物を与えてくれるというメリットもない代わり，危害を加えるというデメリットもない，いわば石ころのような存在であると学習させるべく，粘り強く頻繁に動物との出会いを繰り返し，徐々に距離を詰めていく方法である．動物種にもよるが，必然的に慣れるまで長い時間がかかる．また，あまり人に慣れていない場合は，遠くから観察しないと通常の行動をしない可能性があるので，注意が必要である．いずれかの手法により人に慣れている場合であっても，人が観察している影響はないとはいえない．十分に対象動物に配慮して，なるべく行動に影響を与えないように研究しなければならない．とくに，ビデオカメラを使用している際は視野が狭くなっているので，対象個体以外の個体の行動を妨げないように注意しなければならない．こちらが十分に気をつけて

いても影響は避けられないことがある．たとえば，ある群れの個体のみが人に慣れていた場合，他の群れや単独性の個体は人に慣れていないために，観察者がいる影響で観察している群れに近づけない可能性もある．野生動物で調査をする際は，観察者の影響を頭の片隅に入れておく必要がある．

　動物を観察するためには，まずは動物を見つけなければならない．調査地によっては，対象とする動物に発信器がついており，動物の位置を探すことができる．もちろん，自分で捕獲して，発信器を装着してもよい．電池の改良などにより発信器の発信期間が長くなってきたので，動物に発信器をつけると，それ以降の長期の調査に便利であり，直接観察にも有用である．しかし，発信器をつけることについては以下のような問題もある．

　ひとつは動物への負担である．体重に対して 5% 以下の重さの発信器の装着は動物福祉のガイドラインからも認められているが，それでも動物への負担は大きくないとはいえない．60 kg の体重の人に換算すると 3 kg の首輪をつけることに相当する．装着するなら，調査期間に見合った必要最小限の重さの発信器にし，首輪なども動物を傷つけない工夫をすべきである．

　2つめは，発信器に対する過度の依存が起こる可能性である．発信器が装着されていないと，その動物を見つけるために，その動物の土地利用や行動圏の中での利用頻度などを何とか想像して動物を見つけようとするので，そのような思考が身につく．しかし，発信器がついていると，発信器を頼るのでそのような思考は失われがちになる．また，発信器に歩行や採食などの動物の動きを感知するセンサーを組み込み，活動中は発信信号の間隔を変化させるアクトグラムを内蔵している場合は例外として，発信器が示すのは通常は位置情報だけである．ほとんど目視できない動物などでは，位置情報だけでも得られることはとても重要である．しかし，何をしているかはとても重要な情報であるにもかかわらず，発信器ではそれは得られない．発信器がついていると位置情報が得られるのでそれで満足してしまう場合がある．発信器を利用する場合は，その効果と限界をつねに意識する必要がある．

　発信器がなくても，行動圏が狭い場合や，毎日のように利用する特定の場所がある場合は，それほど難しくなく動物を発見できる．そうでない場合は，行動圏の中の利用頻度の高い場所（その季節によく利用する食物がある場所など）を歩き回って探す必要がある．ニホンザルのように音声でよくコミュニケーショ

ンをする動物の場合は，音声を手がかりに探索できる．その場合，音声の聞こえやすい尾根などの高い場所で探すのが効果的であろう．小型コウモリの音声は周波数が高すぎて人の耳では感知できないが，その超音波を捉えて可聴域に変換してくれるバットディテクターを使えば，やはり音声を頼りに発見できる．その他，糞，食痕，足跡，ぬた場（泥浴びをする場所），爪痕，角研ぎ痕，クマ棚（クマがドングリなどを食べる際に枝を折った跡）といった動物の残した痕跡も，新鮮なものを頼りにすれば発見に役立つ（野生動物の痕跡については，数多くの類書があるのでそれらを参考に）．動物の発見の仕方も調査対象種や調査地によって異なるので，その場その場で工夫して行う必要がある．

(6) 群れ・個体の識別

　群れや個体を識別することで，動物の行動に関する多様な分析が可能となる．ある行動を観察した際，同じ群れに属する個体が行ったのか，同じ個体が行ったのかによって，その解釈は変わってくる．多くの哺乳類の野外研究では，群れもしくは個体を特定して観察が行われている．とくに，個体識別ができれば，研究できる内容は格段に広がる．群れの識別には，よく利用する場所，わかりやすい特徴のある個体，群れの個体数や雌雄の構成などの情報が役に立つ．

　個体を識別する方法として，発信器，耳タグ，首輪，マイクロチップ，入れ墨，塗料，焼き印などの方法でマーキングする方法がある．ただし，マーキングを行うには個体を捕獲する必要がある．捕獲は，麻酔銃やわなによることが多く，麻酔を行ったうえで保定することが多い．その際に動物は大きな心理的生理的負担を受ける．ときには，捕獲の際に死亡したり，怪我をすることがある．また，捕獲したことによって，人間を避ける行動をとるようになる場合もある．このような捕獲には，かなりの労力がかかり，経費もかかるので，多くの個体を識別するのには捕獲を伴わない方法のほうが望ましい．対象個体の数m程度まで接近が可能な場合には，注射筒などを用いて人用の毛染め液をとばしてつけることにより，一時的にではあるが捕獲を伴わずにマーキングすることが可能である．

　マーキングをしないで，さまざまな個体の特徴から個体を識別する方法もある．ニホンジカの夏毛や幼獣，イノシシの幼獣にあるような特異的な模様や，シカやカモシカの角，目立つ怪我など，外形的に大きな特徴のある場合は，そ

れを手がかりに個体を識別することができる．また，慣れてくると大きな特徴がなくても個体識別ができるようになる．

　特徴のない動物でも，慣れてくると見分けることはそれほど難しくはない．われわれ人間が友人を見分けるときに，細かな個々の特徴で見分けているのではなく，全体の感じで見分けている．動物の場合も，最初は個々の細かな特徴を記録しながら，全体を見る目を養っていき，やがて全体の雰囲気でかなりの識別ができるようになる．人間でも異なる人種の個人の違いを見分けるのは最初のうちは難しいが，慣れるとできるようになるのに似ている．長時間観察していれば，顔や姿勢や歩き方などの特徴がわかるようになる．

　個体識別の進め方を，ニホンザルを例に示したい．慣れてくればわかるとはいっても，ただ見ていてもなかなか覚えられない．最初は，さまざまな特徴を見つけることから始めるとよい．たとえば，中指の1本が曲がらないとか，右耳の上部が切れているとか，毛の色が栗色だとか，鼻の左横に小さなほくろがあるとか，右の乳首が垂れ下がっている（出産した雌は子供に吸われるため，乳首が長くなっていることが多い．とくに片方だけよく吸われることが多いので，

```
No  A-1              ○右耳欠け
名前　ハロ　Haro(Hr)  右目下白い傷
性別　♀              右足のくすり指第1関節
年齢　21              曲がったまま
大きさ               （感覚的な特徴）
性成熟度　97発情      毛色　白い
順位　オトハ＞　＞マリコ  時々，耳がとがって見える
子供
母親　シロハナ(1991)
```

図2.2　ニホンザルの個体識別表．（杉浦秀樹氏作成）

図 2.3　ニホンザルの個体識別．上 2 枚，下 2 枚はそれぞれ母娘のペアで左が母で右が娘．
(井上英治撮影)

どちらかの乳首だけ長い雌がいる) とか，尾が右下方に曲がり気味であるとか，気づいた特徴をいろいろ記録していく．右足に怪我をして血を流しているといった一時的な特徴でも役に立つ．そのような特徴を，図 2.2 のような個体識別表に特徴を書き込んでおくと，他の人にも共有でき，有用だろう．大きな特徴であれば，その特徴だけで個体がわかるが，そうでない場合でも複数の小さな特徴を合わせれば，その個体だと断定できるだろう．そのように，さまざまな個体を見比べているうちに，個体ごとの違いがわかるようになり，それを続けていると，いつのまにか小さな特徴など気にせずに個体がわかるようになっている．だからやがては消えてしまう一時的な特徴でも，当面の識別のきっかけを与え，繰り返し見比べる程度に持続しさえすれば識別には有効なのである．

　本当に，サルの顔で個体がわかるか疑問に思う読者もいるかもしれない．図 2.3 (カバー (表) のカラー写真参照) は，母娘 2 ペアの写真である．写真のキャプションを見る前に，どのペアが母娘であるか推測してほしい．目の周りのしわや鼻筋に着目してみると，左右の個体が，似ているように感じないだろうか．また毛色に着目してみると，左 (母親) のほうが白っぽいということに気づくの

図 2.4 ニホンジカの個体識別表．(樋口尚子氏作成)

ではないか．きっと，多くの読者が母娘のペアを当てることができたのではないだろうか．この写真からわかるように，それぞれ顔に特徴があり，人間と同じように親子は似ているのである．京都府嵐山 E 群のサルの顔写真をホームページ (http://jinrui.zool.kyoto-u.ac.jp/Arashiyama/jm/index.html) 上に掲載しているので，興味のある方はぜひご覧いただきたい．

　ニホンジカでも，顔に違いがある．熟練度の高い調査者が 150 個体を顔で識別している例がある（カバー（裏）のカラー写真参照）．また，鹿の子模様が個体によって異なるので，それによる識別も可能である（図 2.4）．同様に，ニホンカモシカについても，顔の特徴で識別している（岸元，1992）．

　もちろん，動物によっては顔を観察することが難しい場合もある．その場合は，見やすい体の部位で個体を識別できないか試してみてほしい．たとえば，樹上高くいる動物の場合は，背中や尻尾に個体ごとの特徴はないか，細かく観察してほしい．自分の対象動物や調査地で工夫すれば，多くの哺乳類でマーキングしなくても個体識別ができると思われる．

(7) 性・年齢クラスの識別

　たとえ個体識別までできていなくても，性・年齢クラスの区別ができれば，

第 2 章　データ収集法　25

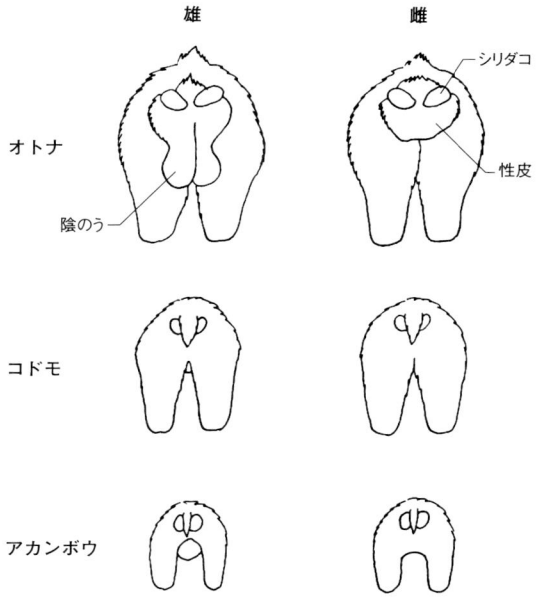

図 2.5　ニホンザルの性・年齢クラス識別（ワカモノを除く）．
（井上さと子氏描画）

性・年齢クラス間での行動の違いに関する研究が行える．ニホンザルの場合は，お尻を見るとよい（図 2.5）．陰のうがぶら下がっているのが雄である．アカンボウやコドモの雄は睾丸が下がっておらず，陰のうが「餃子の皮」のようにペラペラであるが，雌雄の区別はできる．ただし，アカンボウは「餃子の皮」が相対的に大きく見えやすいが，コドモはパッと見ただけでは難しいこともある．年齢クラスの見分け方としては，オトナとワカモノではお尻の周りに毛がなく皮膚がむき出しの部位（性皮）があるが，コドモとアカンボウにはない．コドモとアカンボウの境は，研究者により定義が異なる場合もあるが，生後 1 年以内は離乳しておらず，母親への依存度が高いので，1 歳までをアカンボウと呼ぶことが多い．その後，雄では，睾丸が下がっておらず射精をほとんどしない 4 歳までをコドモとし，性皮はあるがオトナのように赤くなく体もオトナより小さい 5 歳から 7, 8 歳までをワカモノとする．雌では，発情をしない 3, 4 歳までをコドモと呼び，その後，発情はするが出産率が低い，4, 5 歳から 6, 7 歳までをワカモノと呼ぶ．個体の年齢がわかっていない場合などは，出産したら

オトナ雌とするのがわかりやすい．調査地により，多少成長に差があるので，それぞれの地域に合わせた定義をしたらよい．

　ニホンジカでは，角の存在によって性別をすぐに特定することができる．しかし，それでも当歳子（アカンボウ）や成長のよくない地域の1歳の幼獣では，一見性別がわからないことがある．他方，角があっても雌雄ともに備わっているニホンカモシカでは，性別を見分けるのが難しい．しかし，行動を観察していると性別を確認することができる．ニホンジカやニホンカモシカでは，放尿する際に，性によって尿が地面に落ちる位置が異なっている．雄の場合は，後肢の間にペニスがあるために，後肢よりも前で尿が地面に落ちる．一方，雌は尾の下に陰部があるので，尿は後肢の後ろで地面に落ちる．また，ニホンジカは，脱糞する際に，尻を上げる．このときに，後ろから観察できれば，陰部や睾丸を見ることができる．ムササビでも，枝に止まっているときに，下から観察すると睾丸を見ることができる．

　成長期の長いニホンザルでは，アカンボウ，コドモ，ワカモノ，オトナという年齢クラスが使われるが，その他の哺乳類では，幼獣，亜成獣，成獣という3つの年齢クラスに分ける場合が多い（第2部「実践編」では，この年齢クラスをアカンボウ，ワカモノ，オトナと表記した）．授乳を受けているような段階は幼獣で，授乳を受けなくなって生理的な性成熟を迎えるまでを亜成獣，性成熟を迎えると成獣と区分する．北海道に生息するエゾシカ（ニホンジカの亜種）の雌では栄養状態がよいときに，0歳で妊娠することがある．本州のニホンジカでも1歳で多くが妊娠するので，亜成獣の時期は短い．一方，ニホンジカの雄では，生理的な性成熟を迎えても，体格や角の大きさが成獣ほど大きくない．このような年齢クラスでは，社会的な関係で交尾をすることが難しい．そこで，このような年齢クラスを含めて，授乳が終わったころから実際に交尾ができる年齢までの間を，亜成獣と呼ぶこともある．大型の動物では，ニホンザルにならって，授乳を受けている年齢を幼獣（アカンボウ），1歳をコドモ，社会的な性成熟までをワカモノ，成獣をオトナと4つに区分するほうがよい場合もあるだろう．このような年齢クラスの区分は，動物種によっても異なる．小型の動物では，成長が早いので，幼獣，亜成獣，成獣の3つのクラスに分けるのが妥当であると思われる．これらの区分を野外でどのように判断するかであるが，いちばんの目安は体格である．幼獣は小型であり吻が長くなく頭部が丸く感じ

られることが多い．亜成獣では体のバランスは成獣とほとんど変わらないが，やや小型であり華奢で筋肉の量も多くない．角なども，成獣に比べると発達していない．

ニホンカモシカでは角の年輪で年齢がわかる（Kishimoto, 1988）が，他の多くの動物では外部の形態からは正確な年齢はわからない．ニホンジカの角も栄養状態によって成長が異なるので，枝分かれの数なども年齢を反映していない．適切な年齢クラスをカテゴリー化するために，調査地の対象動物の成長をよく観察することが重要である．

2.2 行動の定義・記述方法などの諸注意

(1) どのような行動をどうやって記録するか

行動を記録するということは，やってみるとけっこう難しいものである．たとえば，個体間の「仲の良さ」を行動から判断したい場合を考えてみよう．どういう行動が観察されれば，「仲が良い」と考えられるだろうか．調べたい内容により適した行動を選べばよいが，一般に近接（一緒にいること）や他者グルーミング（他者のシラミの卵などを取る行動）などをその指標とすることが多い．では，どれくらいの距離で一緒にいるときのデータをとればよいのか．3 m なのか，5 m なのか，視界内に入る範囲なのか，それぞれの研究目的によって，重要だと考えられる距離は変わるだろう．先行研究なども参照しながら，距離を設定するとよい．ある距離を設定したとしても，調査中毎回のようにメジャーなどで距離を測れないので，目分量で距離を測れるように前もってトレーニングしておく必要がある．

行動には，「座る」「立つ」「近づく」「かみつく」などのような比較的短く終わる動作や，「寝ている」「座っている」「近接している」などのように持続する活動がある．当然ながら，持続する活動では持続時間も記録するべきなので，瞬時に終わる行動とは記録する方法が異なる．また，「グルーミングをする」「採食する」「レスリングをする」のように，いくつかの動作の連鎖で構成されている行動もある．このような行動の回数や頻度を考える際は，何を行動の単位として記述するかが難しい．ここでは霊長類のグルーミングを例に説明する．

霊長類のグルーミングの場合，通常「手で毛をかき分ける」「口や手でシラミの卵などを取る」「体勢を変える」などの動作の連鎖で行われる．それぞれの動作がいつ何回起こったかを記述することはビデオカメラを使用しない限り難しいと思われるし，「仲の良さ」の指標にする研究などの場合には，そこまで細かいデータは不要であろう．では，グルーミングの回数や持続時間をどのように数えればよいのだろうか．これは，ちょっと観察してみるとすぐに直面する問題である．

　回数を数えるためには，始まりと終わりを定義する必要がある．グルーミング行動の開始を定義することは比較的容易であるが，終了を定義するのは難しい．霊長類のグルーミングは，手でかき分けている最中やシラミの卵を取った後などに，しばらく手を休めて，またかき分ける動作を開始することがある．その場からどちらかが立ち去れば，明らかに終了したと考えられるだろうが，10秒手を休めて再開した場合，それは一度グルーミングを終了したと考えてよいのだろうか．

　解決方法のひとつとして，グルーミングバウトとグルーミングセッションを定義して解析を行う方法がある．グルーミングバウトは，毛をかき分けたり，シラミなどをつまんだりする動作の連続と定義し，1秒以上動作が停止したらバウトの終了とする．グルーミングセッションは，いくつかのバウトのまとまりと考え，バウト間の時間間隔が1分以内のときはそれらのバウトを同じセッションとする．また，2個体のどちらか（もしくは両方）が移動して離れた場合も，セッションの終了とする．このように定義することで，連続して行われているグルーミングをセッションで捉え，その詳細な中身をバウトで捉えることができる．これは，あくまで一例であり，バウトやセッションの定義やそれを区切る時間間隔は，研究テーマや実際に得られたデータをもとに定義したほうがよい．ある時間間隔を境に，その行動の発現の頻度が大きく変化する場合は，実際に得られたデータからバウトやセッション間の時間間隔を設定するのがよい．それが難しい場合は，行動観察や先行研究をもとに妥当な時間間隔を操作的に定義して，解析を進めればよい．

　行動の定義や記述方法は，本観察を始める前に決定しておかなければならない．また，その方法に従えば，ある程度の観察能力のある研究者であれば，誰でも同じデータを収集できる方法でなければならない．野外で行動観察をする

表2.1 ニホンザルの行動目録（単純な例）.

全身の動作
座る，立つ，寝転ぶ，歩く，走る，跳ぶ，（木に）登る，（木から）降りる，（枝に）ぶらさがる，泳ぐ，木をゆする，体を震わす，など
手足の動作
つかむ，引っかく，触る，押す，引く，たたく，こする，つまむ，など
顔・頭の動作
頭を上げる，頭を下げる，見る，見回す，覗き込む，食べる，舐める，くわえる，かぐ，飲む，かむ，口を開ける，口を突き出す，歯をむき出しにする，リップスマッキングをする（口をパクパクと鳴らす），歯を鳴らす，声を出す，あくびをする，など
社会的な行動（単純な動作）
近づく，離れる，通り過ぎる，追随する，抱きあう，かみつく，追いかける，マウンティングをする，など
社会的な行動（動作の連鎖）
交尾をする，グルーミングする，など

場合は，実験下で行う場合と異なり，さまざまな条件をコントロールすることが難しいので，再現性のある結果を得ることは容易ではない．だからこそ，行動の定義をしっかり行い，記述することで，観察者によるバイアスを最小限にしなければならない．予備観察のうちに，行動の定義をきちんと行うことで，追試可能な行動データを収集できる準備が整うのである．

(2) **行動目録（エソグラム）**

どのような項目を記録対象に選ぶかを決める際に，行動目録を作成しておくと便利な場合がある．しかし，行動目録は，詳しくしようと思えばいくらでも詳しくできることもあり，よく調査されている動物でさえ，行動目録が出版されていないことも多い．

表2.1に，ニホンザルの行動目録として，非常に単純な動作などをまとめた（高畑，1985を参照した）．行動目録を作成するのは難しいもので，行動として記録するものの中にはいくつかの動作の連鎖や複数の動作を含むものがある．たとえば，「交尾をする」という行動を考えたとき，「近づく」「リップスマッキングをする」「マウンティングをする」などの動作の連鎖で行われるだろう．どのような動作や表情が伴ったときに「攻撃する」と定義するかは研究者によっても異なる場合があるので，研究内容や観察条件で工夫する必要がある．また，同じ動作でも，状況により違う行動として記録することもある．たとえば，「追

表2.2 ニホンザルの性行動．(Enomoto, 1974 の Table 1 より一部を抜粋)

行動	動作する側	受け手
尻尾を上げる	♂ ♀	
木ゆすりをする	♂	
かみつく	♂	♀
追いかける	♂	♀
性器のにおいをかぐ	♂	♀
近づく	♂ ♀	♀ ♂
地面を引っかく	♀	♂
マウンティングをする	♂ ♀	♀ ♂
抱く	♂ ♀	♀ ♂

いかける」という動作は，「攻撃する」だけでなく「遊ぶ」という行動に含まれることがある．このため目的や意図を含意した行動類型は，表2.1では扱っていない．

　実際に研究を行う場合は，最初から既存の行動目録に頼るのではなく，自分で詳しい行動目録を作成するのもよいだろう．表2.2は，ニホンザルの性行動についてまとめた論文に掲載された表から，ごく一部を抜粋したものである(Enomoto, 1974)．この論文では，交尾期によく見られ，発情した雌雄間で交尾に至る過程で見られる行動を性行動として捉え，46タイプの行動を記述した．そして，行動を行う性や行動が発現する状況について，論文内で詳しく説明をしている．表2.2では一般的にわかりやすく説明が不要と思われる行動のみを抜粋したが，論文では複雑な動作の連鎖からなる行動（雄のディスプレイなど）の定義もしている．研究データを収集する前に，ある程度自分のテーマに関する行動のリストを整理しておくと，データ収集をスムーズに行えるだろう．

(3) 擬人主義

　大型哺乳類の行動を観察していると，ついその行動の目的や意図を解釈してしまうことが多い．たとえば，ある個体にその個体より順位の高い個体が近づいてきたときに，"攻撃を避けるために，移動した"と感じたとしよう．われわれ人間に近い動物の場合，その直感は正しいこともあるが，必ずしもそうではない．実際は，その個体は日当たりのよい場所に行きたいので，移動したという場合もあるだろう．人間は行動の結果から，その目的を想定してしまうが，

その動物が本当にその目的を持っていたかは不明な場合も多い．そのため，深く考えずに，動物の目的や意図を読み取ってしまうと，その行動を正しく理解する妨げになってしまうこともある．

このように，安易に動物の行動に擬人主義的な解釈をしないほうがよいが，予備観察のときは行動の目的や意図を考えてみたほうがよい．ある程度，想像力を豊かにして観察を行わないと，面白いテーマ設定ができなくなってしまう．また，目的や意図を感じ取った場合に，なぜそのように感じたのかを観察した行動を細分化して考えるとよい．目的や意図を感じることにつながった動作や表情などがあるはずなので，それに着目すればよい．ただし，動物の感覚は必ずしも人間と同じでない場合もあるので，安直な思い込みはけっしてしてはならない．本観察の際は，擬人主義的な表現で行動を記録するのではなく，着目した動作や表情を詳細に記録すべきである．

(4) 記録媒体

行動を記録する媒体としては，フィールドノート，データシート，ビデオカメラ，ボイスレコーダーなどがある．データ収集法により，適した媒体が異なるので，それについては，次節で詳しく紹介する．この項では一般的な特徴や注意点を列挙したい（表2.3）．

もっとも基本的な媒体は，フィールドノートである．フィールドノートは，ポケットに入るサイズを用いるのが一般的には適しているが，視界のよい場所であまり動かなくてもよい場所のときなどは，大きいサイズのノートを使用してもよい．記入方法は，とくに決まった方法があるわけではないので，自分なりに見やすいように工夫すればよいが，見開きの左側のページにのみデータを記録しておき，右側に印象などを記入するのもよい方法である（図2.6）．

表2.3 行動データを記録する媒体の特徴．

記録媒体	情報量	解析の簡便性	備考
データシート	★	★★★★	ノートに比べると持ち運ぶのが大変
フィールドノート	★★	★★★	
ボイスレコーダー	★★★	★★	
ビデオカメラ	★★★★	★	視野が狭い

```
2012/11/9 晴

6:00    小屋発
6:31    昨日の泊まり場着

6:51    地蔵沢道上A群発見
 追跡個体AM
7:25:00 M, A Op        25:00 ゼロ
   27:32 G Op, Op L
7:29:50 M Op, A Op    30:00 Op, Mr
   7:32:25 M² Op
     32:27 R
     32:35 F ブナFr
7:34:00 M⁴ Op
```

```
ガマズミFr、ノイバラFrあり
岩上に大量のサル糞、オオセンチコ
    ガネ依然活動
サル♀発情声、♂木ゆすり
ウソ（冬鳥）目視

Km+i、AM&Opコンソート、
Mr精液付着、Fk、
Fp 左後肢外側流血
     未識別の群れ外雄

                右上暑切れ
```

> ノートの左側で主要なデータの記録をする．
> 以下のように，個体名やよく観察される行動などは略号を決めておくと素早く記録できる．
>   雄の個体名：大文字2文字，雌：大文字と小文字
>   M：移動，G：グルーミング，F：採食，R：休息，
>   A：1m以内に接近，L：1m以内から去る．
>   M数字：マウンティング（数字はペニスのスラスト数）
> さらに，対象個体や食物ほか詳細情報を添える．

> ノートの右側は，その他気づいた点を記録するように使用するとよい．
> アドリブで追跡対象以外で確認した個体名や，発情の有無やその根拠，怪我の有無，アカンボウ(i)の有無，対象種以外の動物の活動，果実(Fr)の結実など，生物季節に関わる情報はじめ，気になったことをなんでも記録する．

図2.6 フィールドノートの例．追跡個体の行動は連続記録，3m以内の近接個体は5分ごとの瞬間記録で収集した例．（サルの顔：杉浦秀樹氏描画）

　ある程度限られた情報を一定間隔で記録する場合は，データシートを使用するのがよい．データシートは，多くの情報を一度にわかりやすく記載するのに適している．図2.7の例は，ニホンザルを対象に，1分ごとにしていた活動と近接していた個体の性年齢ごとの頭数を記入することを目的としたデータシートである．このように，簡便に記入できるようにシートを作成しておけば，すばやく記入できるだけでなく，記入ミスも起こりにくいので便利である．データシートを用いる場合は，クリップボード（用箋ばさみ）を用いるとよい．クリップボードを用いる際は，首から下げられるように紐をつけ，クリップボードとペンを紐でつなげておくと，観察の際に便利である（図2.8）．
　ビデオカメラやボイスレコーダーも記録媒体として有用であるが，いくつか注意点もある．ビデオカメラを使用する場合，行動の詳細を記録でき，計画を立てた際には気づかなかった点も含めて分析できる利点がある．ただし，ビデ

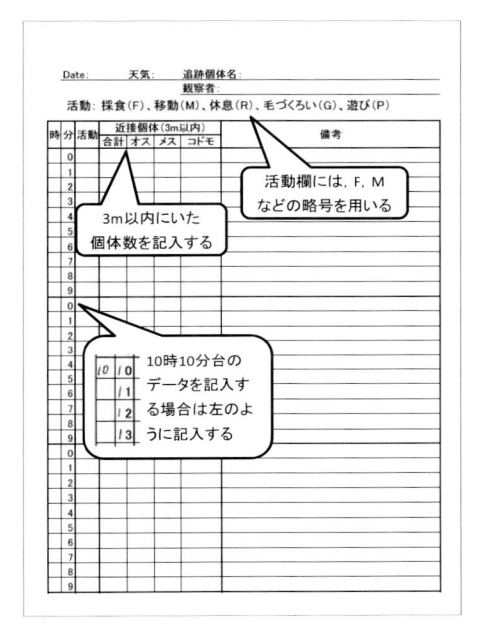

図 2.7 データシートの例.

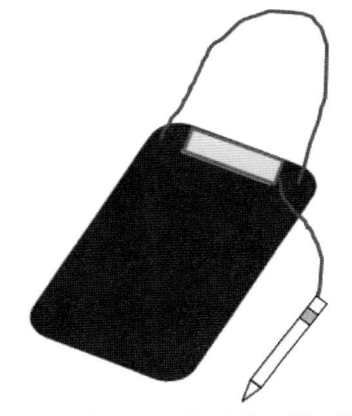

図 2.8 データシート用のクリップボード.

オカメラで撮影していると，対象個体に集中するあまり，視野が狭くなる傾向にあり，フレームの外で起きている重要な出来事を見逃してしまうこともある．視野が狭くなることで，対象以外の個体の動きを邪魔してしまったり，自分が移動する際に足元がよく見えなかったりする場合もあるので，十分に注意してほしい．ボイスレコーダーは，フィールドノートに記録するよりは，多くの情報を短時間に記録することができる．ビデオカメラよりは記録できる情報が少なく，計画時には気づかなかった点を分析することは難しいが，ビデオカメラより視野が広い．また，ビデオカメラ，ボイスレコーダーともに，データを表計算ソフトやノートにまとめる際に，ある程度の時間がかかることを覚悟しなければならない．効率的な方法もあると思うが，記録した時間分再生する必要があるので，観察時間の数倍ほどデータのまとめに時間がかかる．また，媒体によっては，水分やほこり，磁気の影響などで，エラーが起こり，読み取れなくなることがある．このようなリスクに備え，早いうちに一次整理を行ったり，バックアップをとるのがよいだろう．

また，音声については，ノートに記録することと併せて，何らかの記録媒体で記録することが望ましい．現在では，音質のもっとも優れた記録方法はリニア PCM 録音である．これはデジタル録音の一種で，どの周波数域にも圧縮をかけないでデジタルで録音する方法であり，いくつかの録音機が市販されている．デジタルデータなので，そのままパソコンで利用できる (Windows での拡張子は wav)．簡便な MP3 などの記録方法は圧縮がかかっており，音声の厳密な分析には向かない．

音声が発せられる状況も併せて記録する必要がある場合については，ビデオ撮影時に音声を同時に録画する方法もある．この場合は，圧縮されたデータになるので厳密な分析には向かないが，状況の変化を映像で確認しながら同時に音声を記録できる利点がある．

いずれの場合も，マイクロフォンは 20 kHz 程度まで録音できる機種がよい．安価なマイクロフォンは録音特性を人間の発声音域に合わせてあり，それ以上の高音域については録音特性が大幅に低下する．小型の動物の音声は高音域にあるので，性能のよいマイクロフォンが必要である．別途記録媒体で録音することが望ましい．

2.3 データ収集法

科学研究には客観性が求められる．研究のベースになるのはいわずもがなデータである．収集するデータに恣意性が入れば，その研究の客観性が根底から崩れてしまうことになる．後の分析がいかに客観的であり，精緻であったとしても，偏った結果が得られてしまうことになる．同じ事象を観察すれば誰が観察したかによらず，同じデータが収集されるよう最大限の配慮が必要なのである．この「科学の追試可能性」を保証する重要な柱となるのが，一定の規則に則った体系だった行動データの収集法である．データ収集法はひとつではなく，研究テーマに応じて適した方法は異なるので，テーマに合わせた方法の選択は研究を進めるうえで重要な作業である．

この節では，よく使用されるデータ収集法について詳細に説明する (表 2.4)．データ収集法には，2 つのレベルがある．ひとつは，観察法とでもいうべきもので，主に何を対象に観察するのか，特定の個体なのか，群れの個体全体なの

表 2.4 主なデータ収集法のまとめ．

観察法	適用	記録法	記録媒体
アドリブ	予備観察，稀な行動	自由	フィールドノート，ビデオカメラ
個体追跡	シークエンス分析，活動時間配分，生起頻度，持続時間，近接関係	連続 瞬間 ワンゼロ	フィールドノート，ビデオカメラ，ボイスレコーダー，データシート
スキャン	活動時間配分，個体間の行動の同調，近接関係	瞬間	データシート，フィールドノート，（ビデオ）カメラ
全生起	生起頻度，個体間の行動の同調	連続 ワンゼロ	ビデオカメラ，フィールドノート，データシート

か，あるいは個体より特定の行動を優先させるのかである．アドリブサンプリング，個体追跡サンプリング，スキャンサンプリング，全生起サンプリング，行動サンプリングなどの方法がある．2つめは記録法で，どの時点の行動をどのように記録するかの違いによって，連続サンプリング，ワンゼロサンプリング，瞬間サンプリングなどの方法がある．いずれのレベルの方法も通常サンプリングという用語を用いているが，紛らわしいので，本書では記録法についてはサンプリングという用語を避け，ワンゼロ記録，瞬間記録などのように記録という用語を用いることにする．本節では主なデータ収集法を紹介しただけなので，それぞれのテーマに合わせて，適した方法を工夫してほしい．

(1) アドリブサンプリング

一定の規則に則った体系だったデータサンプリングの前に，これに当てはまらないサンプリングであるアドリブサンプリングについて述べる．

この方法は，とくに観察対象や行動を決めずに，「思いのまま」「自由に」観察する方法である．この方法の場合，目立つ行動や個体に注目しやすいので，量的な解析をする場合には向かない方法である．テーマ設定を行う予備観察の際には，気になる行動をさまざま記録できるのでよい観察法である．多くの個体のさまざまな行動を観察できるので，稀にしか見られない行動の観察にも適している．研究テーマに沿って体系だったサンプリングでデータ収集している場合でも，アドリブで気になった行動を記録することも併用するとよいだろう．

予備観察での適用

アドリブサンプリングの欠点は，恣意性であるが，それを逆手にとって，予備観察に活用してほしい．予備観察では，自分のテーマを見つけることが重要である．そこで，誰にとっても目立ちやすいような行動ではなく，自分が気になる行動に目をつけて，その行動の情報を可能な限り詳細に記録していくのがよい．

稀な行動の観察

アドリブサンプリングが威力を発揮するもうひとつの場面は，稀にしか生起しない，稀にしか観察できない行動の記録である．研究を始めたばかりの学生には想像もつかないだろうが，何百時間，いや何千時間も至近距離から動物を観察した結果，初めて目にする行動がある．そんな行動に出会ったときの興奮，感動は忘れられない．だから動物の研究はやめられないと思える瞬間でもある．

ただ，稀な行動だというのは，勝手な思い過ごしのこともある．それこそ目立ちやすい行動でない場合，今初めて気づいただけで，じつはこれまで見過ごしていただけかもしれない．本当に稀にしか生起しない，観察できない行動の場合，体系だったサンプリングはそもそも不可能である．だから，予備観察の場合と同様，その行動に関する情報を可能な限り詳細に収集するしかない．そして肝要なのは，次にきたるべきその同じ稀な行動に出会ったときに，肝心の情報を収集し損ねることのないようにすることである．

記録法と記録媒体

基本的にフィールドノートを活用し，ときにビデオカメラを併用するのがよい．とくに予備観察の間は，多少恣意的であってもかまわないので，自分の印象をフィールドノートに詳細に記述することが重要である．また，気になった行動を見たときはビデオカメラで撮影しておくのもよい．その行動が稀であればあるほど，ビデオ撮影しておくと，他の地域個体群や他種の類似の行動との比較の際，非常に便利である．他の観察法でデータ収集をしている場合でも，気になった行動を観察した場合は，メインのデータ収集に影響しないよう気をつけながら，フィールドノートやビデオカメラで行動を記録しておくとよいだろう．

(2) 個体追跡サンプリング

　ある特定の個体を一定時間追跡し，あるテーマに関連のある複数（もしくは単数）の行動を観察する方法である．動物に接近して観察ができ，個体識別ができている場合に，よく使用される．1個体の行動を長時間にわたって観察しているので，行動の正確な生起頻度や行動の前後関係のデータを得られるが，特定の個体のデータしか収集できないので，データ収集に偏りが起きないように工夫する必要がある．

サンプリングスケジュール

　まず，自分の研究テーマに必要な追跡個体数を定める．対象とする個体数が多すぎると当然ながら個体当たりの観察時間が減少するので，調査期間も考慮に入れ観察個体数を決めなければならない．追跡個体を決めたら，追跡個体の一定期間内の観察時間がほぼ同じになるように配慮する．個体の行動には1日の中で大なり小なりリズムがあるので，できれば時間帯ごとの観察時間にも配慮するのが望ましい．1日1個体を終日追跡すると，リズムの問題は気にしなくてよくなるが，当然ながら1日1個体しか観察できない．一定の観察時間（たとえば2時間など）を決めておき，あらかじめ決めた次の追跡対象個体に変更していく方法もある．その時間長を短く設定すれば，1日に多くの対象個体の追跡が可能になる．しかし，あまりに短く設定すれば，個体追跡サンプリングの最大のメリットである行動の前後の因果関係の分析ができなくなるので，研究テーマに応じて時間長を決める必要がある．

　野外調査では追跡対象個体が，観察者が追跡不可能な急斜面を上ったり，あるいは密な植生に阻まれたりして，視界から消えてしまうことは往々に生じる．あるいは，見えてはいても，複数の個体が交錯してどの個体が追跡個体であったかがわからなくなることも起こりうる．このようにして追跡個体を見失ったときには，見失った時刻を忘れずに記録しておく．

　個体を見失った場合にはどうするべきか．見失っている時間はデータがないに等しいので，このようなとき，誰でもよいからそばにいる別の個体のサンプリングを開始したい衝動に駆られる．しかし，そうすることが観察にあるバイアスを与えることになりうる．たとえば，ニホンザルの非交尾期の雌を追跡し

ていると，見失いやすい植生が密な場所は，採食場所であることが多い．この場合，密な場所にいない個体ばかりを選んでいると，採食行動を過小評価してしまうことになる．このような場合，① 見失った個体を探す，② あらかじめ決めておいた次の個体を探す，③ 密な場所で採食を行っている個体の追跡を行う，などの方法が考えられる．群れ生活をする動物の場合，ある程度行動の同調が認められることから，③ のような方法であれば，採食行動は過小評価されにくいだろう．しかし，つねに ③ の方法がよいわけではなく，自分のテーマに即してどうするのがよいか個別に考えてほしい．また，植生が密でない場所でも，個体が急に走って移動したり，人間では行きにくい場所を通ったりした場合などは，個体を見失いやすい．先の採食の状況と同じように，自分のテーマに重要なデータに偏りが起きないよう工夫して，次の観察を始めてほしい．いずれにしろ，あらかじめ見失った場合にどうするのかの方針を予備観察の時点で考え，観察を始める段階では決めておいたほうがよい．

　最近の研究では，効率化を図る傾向にあり，統計的解析が可能なデータが収集できた時点で調査を終了することが多い．もちろん，この傾向は間違っているわけではないが，偏りのないデータを収集していることが条件である．とくに野生動物を対象にする場合は，偏りのないデータを収集するのは容易ではないので注意が必要である．季節・時間帯などの統制がなされていないと，そもそもサンプルが偏ってしまうので，統計的解析をする意味などなくなってしまう点を忘れてはならない．

きちんとしたサンプリングスケジュールが組めない場合

　観察のしにくい動物種や調査地で行動観察を行う場合は，上記に示したようなサンプリング計画を立てられないことがある．たとえば，一定時間観察することが難しく，状況に応じて追跡できる時間が大きく変動してしまうという状況が考えられる．そのような場合，個体追跡サンプリングのメリットは失われてしまうが，1回の個体追跡時間を10分などのように短くして対応することも考えられる．

　単独性の動物などで発見することが難しい場合は，見つけた場合に可能な限り個体を追跡しないと，十分にデータが収集できないことが考えられる．その場合は，ルート踏査などの一定なルールを設けて，動物を探索して，出会った

らできるだけ長く個体追跡を行うのもよい．ルート踏査とは，調査域内に設定したルートを定期的に歩き，個体を探す方法である．目立つ個体や目立つ行動をしている個体を発見しやすいということは考えられるが，調査域の植生帯なども考慮して，できるだけ偏りのないルートを設定し，時間帯も考慮して歩くことで，ある程度データの偏りを防ぐことができるだろう．

記録法と記録媒体

個体追跡サンプリングでは，いくつかの記録法が可能である．ここでは，連続記録，ワンゼロ記録，および瞬間記録について順に説明する．また，個体追跡サンプリングとスキャンサンプリングを併用することも可能であるが，詳しい方法はスキャンサンプリング (2.3 (3)) で説明する．

① 連続記録

連続記録は，着目した行動が起こるたびに，時刻とともに記録する方法で，この方法を用いると，行動の生起頻度や持続時間を調べることができる．ただし，先ほど指摘したように，野外での観察の場合，対象個体を見失う場合がある．その場合，見失いやすい場所でしている行動の頻度を過小評価してしまうことになるし，また持続時間の長い行動の場合，その行動の継続中に見失う場合があるので，持続時間を過小評価してしまうことにもなる．

連続記録は，フィールドノートもしくはボイスレコーダーやビデオカメラなどの電子機器を用いて記録する．フィールドノートを用いる場合，記録するのに時間がかかるので，あまり多くの行動を記録しすぎると個体を見失う危険も増える．そのため，あらかじめ解析に重要なデータを絞って記録したほうがよい．ビデオカメラを用いれば，ほぼすべての行動を音声とともに記録できるが，視野が肉眼より狭くなってしまうので，ある行動が起こったときにその個体の周りで何が起こっていたのかわからなくなる危険性がある．記録媒体 (2.2 (4)) で説明したメリットとデメリットを考えて，調査テーマに合わせて，記録媒体を選択してほしい．

② ワンゼロ記録

短い時間間隔を設定し，その時間内にある行動が生起したかどうかを記録する方法である．一定の時間間隔内に何回起こったかは関係なく，起こったか否かを記録する．一定の時間に1回ずつ記録するという意味では，後に示す瞬間

記録と似ている．この方法はデータ収集がしやすく，何人かでデータ収集しても安定したデータが得られる（再現性が高い）メリットがある．

　この方法で得られたデータは，行動の頻度と持続時間の両方を反映している．つまり，頻度の高い行動や持続時間の長い行動のスコアが高くなる．しかし，この方法で得られたデータは実際の頻度や持続時間ではない点は重要であり，専門家の中にはいかなる行動を記録する場合でも適用すべきでないと主張する人もいる．ただし，行動によっては，この方法を行うのが悪くない場合もある．行動の定義の仕方（2.2 (1)）で説明したように，いくつかの動作の連鎖から構成されている行動では，始まりや終わりが定義しにくい行動がある．グルーミングの例では始まりの定義は比較的容易であったが，遊びのような行動を考えると始まりを定義するのさえも難しい．このような行動の場合，連続記録で回数を数えにくいので，ワンゼロ記録を行うのもよいと思われる．

　記録媒体としては，データシートを作成しておいて，行動が見られたかどうかをチェックするようにしておくのがよい．

　③　瞬間記録

　一定時間に一度，追跡個体が行っている行動を記録する方法である．この方法では頻度が低く持続時間の短い行動の記録はできないが，個体の活動時間割合や活動場所を調べるのに適している．行動の頻度や持続時間を正確に記録できるわけではないが，行動の持続時間に比べてデータ記録を行う時間間隔が十分に短ければ，行動に費やした時間割合を示していると考えられる．連続記録で，他の行動の記録をしながら，瞬間記録で活動時間割合や活動場所を調べることも可能である．ワンゼロ記録同様，時間間隔の設定が問題となるが，それについては，スキャンサンプリング（2.3 (3)）で説明する．

　データシートを作成しておいて記録することが簡便であるが，連続記録法と併用する場合はフィールドノートでの記録でもよい．

解析上の注意点

　追跡個体が交渉した相手の行動については深く議論できないという点を指摘しておく．たとえば，雄を個体追跡していて，雌との社会交渉を調べたとする．この場合，追跡した雄と雌の交渉はすべて記載したはずなので，雌がどのように雄と交渉していたかについてもわかったように思うかもしれない．しかし，

実際に観察したのは，雄の近くにいるときの雌の行動であって，雌のその交渉に至る前や後の様子を知らないので，詳細に雌がどのような戦略で雄と交渉しているのかを議論することは難しい．個体追跡をしている最大の利点は，対象個体の行動に関して，その前後関係も含めて詳細に検討できる点であることを意識して解析をするべきである．

(3) スキャンサンプリング

　群れをつくって生活するか，群れでなくとも一時的にでも観察しやすい場所に集合する動物を対象に，一定時間間隔ですばやく見回すこと（スキャン）により，観察できた個体の行動や個体間距離を収集する観察法である．スキャンサンプリングは多くの個体の行動を同時に収集可能な方法であり，行動の同調を調べるのに適している．多くの個体を見る必要があるので，1回のスキャンにかける時間はできるだけ短くしなければならない．行動の判別が瞬時ではかなわず，現実には数秒を要する場合もあるし，スキャンする個体数が多ければ当然，1回のスキャンに要する時間も長くなり，数分要することもある．

　スキャンサンプリングの欠点としてよく指摘されるのは，観察しやすい個体や行動にデータが偏りがちな点である．個体追跡と同様に，採食している可能性の高い，植生の密な場所にいる個体を観察しにくいという偏りが生じうるだけでなく，スキャンサンプリングでは体の大きい雄などに無意識のうちにバイアスのかかったサンプリングをしてしまうことがある．だから個体レベルまでは確認が難しかったとしても，せめて特定の性・年齢に観察が偏っていないかを吟味する必要がある．

　スキャンサンプリングは，群れやある特定の個体を追跡しながら行う場合と，開けた環境や餌場などの定点で行う場合がある（定点法）．観察対象が十分に人に慣れていない場合や観察できる環境が開けた植生帯に限られている場合は，定点法を用いるしかないが，その場合は，さまざまな植生帯で観察できていないことを考慮して，結果を解釈する必要がある．

時間間隔の設定

　個体追跡サンプリングを用いたワンゼロ記録や瞬間記録にも共通することであるが，時間間隔の設定が重要である．時間間隔が短いほうがより正確なデー

タになるが，正しく記録でき，データとして信頼しうる間隔を設定する必要がある．信頼性のある時間間隔かどうかを，自分で個体追跡サンプリングによる連続記録データを用いて検討する方法もあるが，これまでの実証例を参考にしてもよい．

記録法と記録媒体

スキャンサンプリングのデータ記録は，一定時間に一度記録する瞬間記録で記録する．先に示したように，個体追跡サンプリングで行動を観察し，瞬間記録で記録する場合もあるが，研究者によってはこの瞬間記録（通常は瞬間サンプリングと呼ぶ）のことを誤ってスキャンサンプリングと呼んでいる場合もあるので，注意が必要である．

スキャンサンプリングは，できるだけ短い時間に多くの情報を記録する必要があるので，基本的にデータシートを使用するのがよい．

個体追跡サンプリングとの併用

スキャンサンプリングは，個体追跡サンプリングと併用される場合がある．連続記録や瞬間記録で追跡個体の行動を記録する一方で，その追跡個体の近接個体数，たとえば周囲5m以内の個体数，さらにはその個体名や行動をスキャンサンプリングで記録するといった具合である．この場合は，連続記録も可能なデータシートを作成するか，フィールドノートを工夫して，スキャンサンプリングのデータをわかりやすく記録するのがよい．

（4）全生起サンプリング

この方法は，群れに属するすべての個体が行った（いくつかの）特定の行動をすべて記録する方法である．放飼場などで飼育されている場合や障害物のない開けた場所に生息する動物に可能な方法である．この方法では，行動の生起頻度や個体間での行動の同調，社会交渉の相手や方向性を調べることができる．喧嘩など，頻度が低く，持続時間の短い行動を記録するのに適している．個体の行動の同調も記録できるが，同時に，さまざまな場所で起こる行動だと正確に記録できないので，注意が必要になる．起これば必ず観察できるような行動にしておかないと，スキャンサンプリング同様に目立つ個体にデータが偏るこ

とも考えられる．

　すべての個体を観察できることが望ましいが，野生下での観察では，ほぼ不可能である．そこで，スキャンサンプリングでも紹介した定点法で，ある限られた状況下で見られるすべての行動を観察することが多い．この場合は，スキャンサンプリングの場合と同様に，結果を解釈する際には，ある特定の環境で観察されたことを意識しなければならない．また，ある樹木の果実を利用する動物を調査するなど，ある特定の環境下で起こるすべての行動を記録する場合にも，この方法は有用である．

記録法と記録媒体

　行動が生起するたびに記録するので，記録する時間を決めていないという意味で連続記録と呼んでよいだろう．ただし，非常に頻度の高い行動や行動の開始や終了の定義が難しい行動の場合などは，それに応じた時間間隔を設定して，ワンゼロで記録するのも有効である．記録媒体としては，群れ全体を撮影できるビデオカメラを用いるか，フィールドノートやデータシートを活用するとよい．ビデオカメラを用いない場合は，つねに全体に目を配っておく必要があるので，簡単に記録できるように準備しておく必要がある．同時に生起することがあり持続時間も長い行動の場合は，ビデオカメラを使わない限り同時に詳細に行動を記録することはできない．ビデオカメラを使用しない場合は，行動の生起や社会交渉の方向性など瞬間的に記録できるデータのみ使用すべきである．もし同時に記録できないが持続時間も記録したい場合は，シークエンスサンプリングを用いればよい．

(5) 行動に着目したその他のサンプリング

1. シークエンスサンプリング

　対象とする（いくつかの）特定の行動を決めて記録する場合，生起したすべての行動を記録できないことがある．群れサイズが大きかったり，凝集性が低かったり，あるいは植生が密であるなど障害物の多い生息地にすむ動物の群れを対象に行動を記録する場合や，同時に複数の場所で行動が生起する場合は，すべての生起した行動を観察記録するのが難しい．そのような場合に，ある一定のルールを設けて，できるだけ偏りのないデータを収集するシークエンスサンプ

リングという観察法がある．できるだけランダムに行動を記録するために行った研究例を以下に紹介する（Altmann, 1965）．まず個体を任意に選び，対象とした行動を観察する．その行動が終了したら，個体を問わず次に観察された対象としている行動の記録をする．このような方法で行うと，多少の偏りはあるかもしれないが，行動の持続時間や交渉を行った個体の分析などを行うことができる．シークエンスサンプリングの利点は，個体追跡サンプリングに比べ特定の行動についてはデータを集めやすいことと，個体追跡サンプリングでは得ることのできない，行動の連鎖の分析を行うことができる点である．たとえば，AがBを攻撃した後に，BがCを攻撃したとする．そのような場合，もしCを個体追跡していたとしたら，CはBに攻撃されたことが観察されるだけで，その前にAがBを攻撃していたことが記述できないことがある．このような行動の連鎖を観察できる．しかし，同時に起こった行動は記録しない観察法なので，行動の同調性が問題になるような場合には使えない．また，行動を観察しやすい場所とそうでない場所で交渉の仕方が異なる場合があるかなど，場所や状況によって偏りがあるかどうかを検討するために，可能であれば個体追跡サンプリングを併用して場所や状況によって偏りがないかを検証するのもよい．ただし，行動の発見の仕方には一定のルールを設けない場合でも，行動の連鎖を観察する場合はシークエンスサンプリングと呼ぶことがある．

記録法と記録媒体

連続記録法で記録する．詳細な分析が必要になるので，フィールドノートを用いてもよいが，ビデオカメラやボイスレコーダーのように詳細に記録できる機器が威力を発揮する方法でもある．ただし，先にも注意した通り，ビデオカメラの場合，視野が狭くなるので，周りにいる個体などに十分注意を払う必要がある．

2. ルート踏査での行動サンプリング

発見するのが難しい動物や広い範囲に分散している動物を対象とする場合は，ルート踏査で動物を探して，その発見した動物が対象とした行動を行っているときに観察する方法がある．個体追跡サンプリング（2.3 (2)）で説明したように，できるだけ調査域の環境を反映したルートを設定したり，ルート踏査を行

う時間を設定したりして，偏りのない観察をするように心がける必要がある．

また，類似の方法として，ランダムに歩いて個体を探し，行動を観察する方法もある（ランダム踏査による行動サンプリング）．この方法は，ある特定の個体や環境にデータが集中しないように，とくに注意すべきである．

記録法と記録媒体

瞬間記録か連続記録を用いるのがよい．一定の間隔で歩いたほうが偏りのないデータが収集できるので，連続記録を用いる場合も同じ個体を長い時間観察しないほうがよいだろう．記録媒体は，フィールドノートでよいが，細かい行動を連続で記録する場合はビデオカメラを用いるのもよい．

3. ソシオメトリック・マトリックス

2個体間の優劣関係などのソシオメトリック・マトリックスを完成させる方法もある．これは，攻撃・被攻撃など社会交渉の方向性を観察する方法で，行動を発見するためのルールを決めないという意味でアドリブサンプリングに似た方法である．アドリブサンプリングと同様に，生起頻度の低い行動のデータを集めるのに有効な方法である一方，量的な解析には適さない．ただし，事例数を多数集めることにより，その社会交渉がある個体間では1方向的にしか起こらないことを示すためのデータとしては使える．とくに観察ルールを設けないので，個体追跡サンプリングなど他の方法と併用して行うことができる．主に，個体間の順位序列を調べる際に用いられる．

記録法と記録媒体

連続記録法で記録する．フィールドノートで記録するか，ソシオメトリック・マトリックスの表に記入しやすいようなデータシートを作成して記録するとよい．

(6) 観察日記と多様な情報の記録

データ収集を行っている際，毎日の調査の終了後に，その日の調査のまとめを記録しておくと，後で役立つことが多い．その日にどんな調査をしたか，どの個体を追跡したか，それに対してどのようなことがわかったと思われるか，

気づいたことはないかなどを記録しておく．その日に観察できた個体を「出欠表」で記録しておくと，個体群構成や移出入のデータが蓄積できる．また，天候や気温，調査地の様子なども記録しておくと，後でアイデアにつながることがある．たとえば，ニホンジカの行動観察をしていて，同所的に生息しているニホンザルがある植物の実を食べているのを見たことがあったとする．そういったことをメモとして記録しておくことで，植物のフェノロジーとシカの行動の関係に気づくきっかけになることがある．とくに，長期滞在の調査では，このような記録がデータの整理や次の研究のアイデアにつながることが多い．

3 データ解析法

3.1 データ入力

(1) 量的なデータ

　データの内容にもよるが，多くの場合，エクセル（マイクロソフト）などの表計算ソフトにデータをまとめる必要がある．データを入力する場合，同じ分析に使うデータは，1枚のシートに情報を記入したほうがよい．エクセルにはピボットテーブルという大量のデータから必要なデータを取り出して，集計表を作成する機能がついているので，個体ごとに別のシートで入力してしまうと，その便利な機能が使用できず，解析に時間がかかってしまうことがある．

　データ入力例（図3.1）を参照してほしい．このデータは，1分ごとに個体の活動（F：採食，R：休息，G：グルーミング，M：移動，O：その他）と近接個体数（5 m以内にいた個体数）を，個体追跡サンプリングを用いて1分間隔で瞬間記録を行って記録したデータの一部である．例のように，空白の行や列をつくらずに入力しておくと，エクセルのピボットテーブルの機能を使用でき，入力データを簡単に分析できる．ここではデータ入力例（図3.1）をもとに，ピボットテーブルで解析した例を示す．解析例1（図3.2）では，2頭が15分間にしていた行動の割合を分析するために，ピボットテーブルの行ラベルに「個体名」を，列ラベルに「活動」を入れ，値（データ）に「活動」（この場合，それぞれの活動ごとのデータ数がわかればよいので，空白のないデータならば何でも同じ値になる）を入れそのデータの数を表示させた．解析例2（図3.3）では，それぞれの個体が，各活動をしていた際に近接していた個体数を比較するために，行ラベルと列ラベルは例1と同じように入力し，値に「近接個体数」の平均値を表示させた．このように，うまくデータ入力を行えば，簡単に調べたいデータを取り出すことができる．また，ピボットテーブルの機能であるピボッ

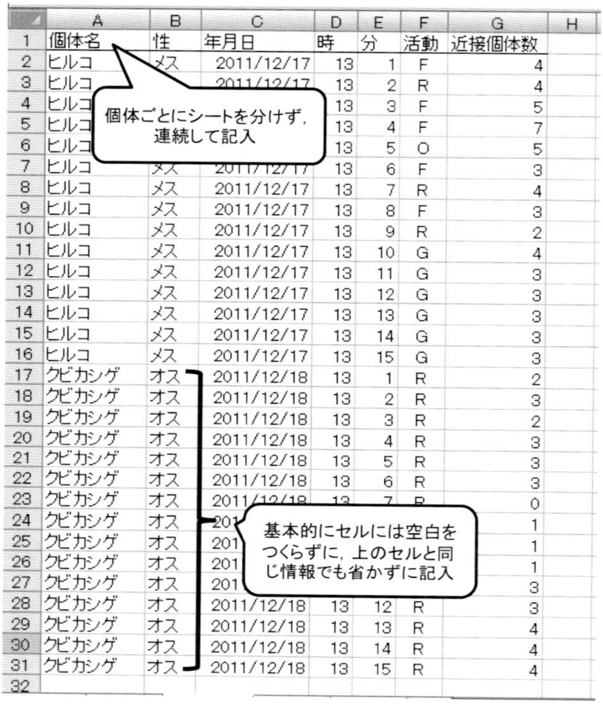

	A	B	C	D	E	F	G
1	個体名	性	年月日	時	分	活動	近接個体数
2	ヒルコ	メス	2011/12/17	13	1	F	4
3	ヒルコ	メス	2011/12/17	13	2	R	4
4	ヒルコ	メス	2011/12/17	13	3	F	5
5	ヒルコ	メス	2011/12/17	13	4	F	7
6	ヒルコ	メス	2011/12/17	13	5	O	5
7	ヒルコ	メス	2011/12/17	13	6	F	3
8	ヒルコ	メス	2011/12/17	13	7	R	4
9	ヒルコ	メス	2011/12/17	13	8	F	3
10	ヒルコ	メス	2011/12/17	13	9	F	2
11	ヒルコ	メス	2011/12/17	13	10	G	4
12	ヒルコ	メス	2011/12/17	13	11	G	3
13	ヒルコ	メス	2011/12/17	13	12	G	3
14	ヒルコ	メス	2011/12/17	13	13	G	3
15	ヒルコ	メス	2011/12/17	13	14	G	3
16	ヒルコ	メス	2011/12/17	13	15	G	3
17	クビカシゲ	オス	2011/12/18	13	1	R	2
18	クビカシゲ	オス	2011/12/18	13	2	R	3
19	クビカシゲ	オス	2011/12/18	13	3	R	2
20	クビカシゲ	オス	2011/12/18	13	4	R	3
21	クビカシゲ	オス	2011/12/18	13	5	R	3
22	クビカシゲ	オス	2011/12/18	13	6	R	3
23	クビカシゲ	オス	2011/12/18	13	7	R	0
24	クビカシゲ	オス	2011/12/18	13	8	R	1
25	クビカシゲ	オス	2011/12/18	13	9	R	1
26	クビカシゲ	オス	2011/12/18	13	10	R	1
27	クビカシゲ	オス	2011/12/18	13	11	R	3
28	クビカシゲ	オス	2011/12/18	13	12	R	3
29	クビカシゲ	オス	2011/12/18	13	13	R	4
30	クビカシゲ	オス	2011/12/18	13	14	R	4
31	クビカシゲ	オス	2011/12/18	13	15	R	4

（吹き出し：個体ごとにシートを分けず，連続して記入）
（吹き出し：基本的にセルには空白をつくらずに，上のセルと同じ情報でも省かずに記入）

図 3.1 データ入力例.

トグラフを用いると，取り出したデータを簡単に図示することもできる．

以上は量的解析の一例であり，すべてのデータをこのように解析する必要はない．それぞれのデータに応じたデータ入力の方法がある．重要なことは，先に何を分析するかをイメージして，それに沿った入力を行うことである．

（2）記述的なデータ

量的に扱えるデータを使用することが一般的になっているが，野生動物の行動の研究をするうえでは，数少ない事例自体がデータとして重要な場合もある．たとえば，出産のように稀にしか観察できない，子殺し行動のように稀にしか起こらない行動については，起こった状況やそこに居合わせた他個体の反応など，細かな記述的なデータが重要になってくる．時間経過とともに個体の行動を記述することが，その行動のもつ意味を考察するうえで重要なデータとなる

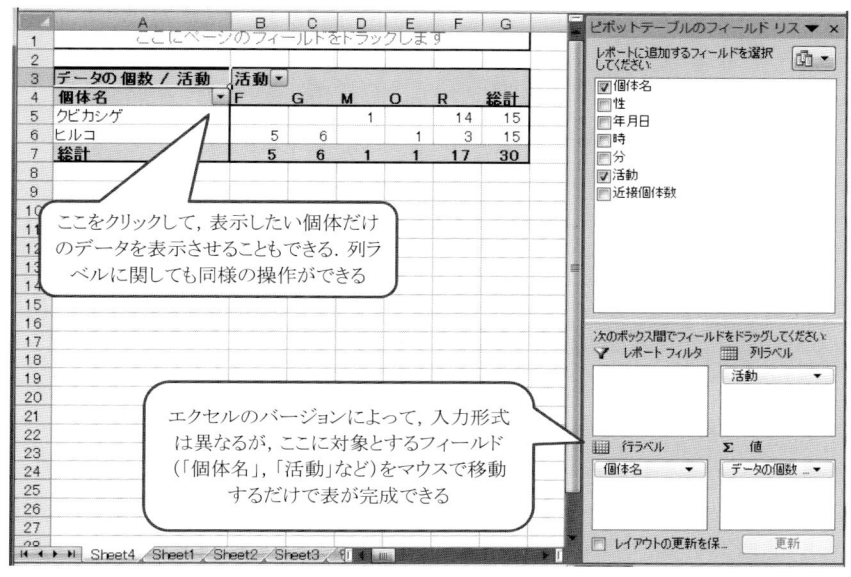

図 3.2　ピボットテーブルでの解析例 1（Excel2007 での解析）．

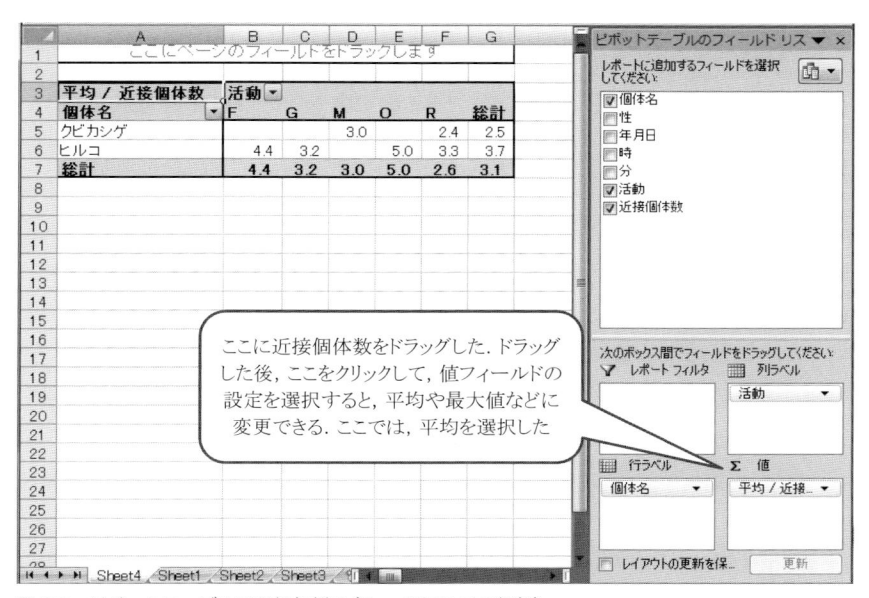

図 3.3　ピボットテーブルでの解析例 2（Excel2007 での解析）．

場合がある．そのような場合は，見ていなかった人にもわかるように事例をデータとして過不足なくまとめる必要がある．最近はビデオカメラでのデータ収集もできるが，その現象のどこに着目して，何を引き出すかは，その研究者の着眼点を明確化させるためにも重要である．稀な行動の事例研究だけでなく，道具使用行動から動物の知性を考える場合や社会交渉から動物間のコミュニケーションのあり方を考察する場合など，記述的データが威力を発揮する場面は多様である．

　また，量的なデータから得られた結果を補強したり，考察したりするためにも，記述的データを利用することができる．具体的な事例を示すことにより，行動観察を行っていない人にもイメージを共有することができ，結果の理解を助ける場合がある．実際に研究論文などに使用しない場合であっても，気になった事例をしっかり記述的にまとめて，何が重要であったのかを考えるのは，哺乳類の行動研究を行ううえでは重要である．

3.2　データ分析

(1) データ分析の手順

　データ解析に慣れていない場合は，データ入力を先に終わらせてしまうのではなく，少しデータを入力した後で，予備的に分析を進めたほうがよい．そして，そのデータをもとに，先に説明したピボットテーブルなどの機能を用いながら，自分の示したい図表を作成してみるとよい．すぐに自分の示したい図表が作成できない場合は，データ入力の方法を考え直したほうがよい．そうしておかないと，データ入力が一通り終わった後で，問題に気づき，再び入力をしなければならない事態に陥ってしまう．

　データ入力方法に問題がないようであれば，データをすべて入力し，設定した仮説を検証する作業に入る．その際，すぐに検定やモデル選択などの処理に入るのではなく，視覚的にわかりやすい図表を作成してみるとよい．図表と観察の際に得られた印象を組み合わせて，観察前に設定した仮説を修正したり，新たな仮説を設定したりする必要が出ることもあるだろう．しっかりと観察していれば，その印象をうまく利用して，結果を解釈できるはずである．もちろ

ん，観察での印象はいくつかの印象的な出来事に引きずられている場合もあるので，図表を見たうえで，印象が偏ったものでなかったかを見つめ直したほうがよい．

　以上のような手続きを経たうえで，必要に応じ検定やモデル選択などの統計的処理を行ったほうがよい．先に自分が示したいことを整理してから，統計的な処理を行わないと，統計的に意味のありそうな結果を得たとしても正しく解釈できないという事態になりかねない．

(2) 統計に関する基本的注意

　現在，得られたデータを分析，評価する際に，統計的手法がよく用いられている．統計的手法に頭を悩ませる研究者も多いが，統計的手法にとらわれて，自分の解析したいことを忘れてはならない．あくまで，統計は自分が得た結果を説明するための道具であって，統計に左右されすぎてはならない．とくに，野生動物の行動データは，コントロールできない自然状態のもとで収集されるため，サンプリングされたデータはばらつきが出やすく，解析がうまくいかない場合もある．そのため，本当は差があっても検出されない場合などもあるが，自分がよくわかっていない統計的手法を駆使して無理やり差を検出しようとしないほうがよい．ここでは，統計に関する基本的なことについて説明するので，詳しく知りたい方は専門書を参照してほしい．

(3) データの尺度水準

　尺度水準とは，データの基本的な性質を表すもので，統計的解析を行う際には，自分のデータがどの尺度水準であるかを把握しておく必要がある．尺度水準には，以下で説明するように，名義尺度，順序尺度，間隔尺度，比率尺度がある．名義尺度がいちばん低い水準で，順序，間隔，比率の順で高くなる．高い水準は低い水準の性質も含むので，水準が低い変数向けの解析を水準が高い変数で行うことはできるが，逆はできないので注意が必要である．

　　名義尺度：データの分類を表すもので，性・年齢クラス（オトナ雄，オトナ雌，ワカモノ雄，ワカモノ雌，コドモなど）や活動（採食，休息，社会行動など）などがそれに当たる．

　　順序尺度：データの分類だけでなく，順序がわかるもので，順位クラス（高

順位，中順位，低順位）などがそれに当たる．

間隔尺度：定量的なデータを扱うもので，順序だけでなくその間隔にも意味があるが，ゼロに絶対的意味がないものである．温度の例を考えるとわかりやすい．普段使用している摂氏は1℃の間隔は同じであるが，ゼロを基準にしたものではないので，20℃と5℃では数値的には4倍違うが，4倍温度が高いわけではない．間隔尺度として社会的順位を用いている研究もあるが，そのように使用する場合は1位と2位の差は2位と3位の差と同じであることを想定しているということを意識すべきである．そうすることが妥当でないと考える場合は，順序尺度として扱ったほうがよい．

比率尺度：定量的なデータを扱うもので，間隔だけでなく，ゼロを基準としており，比率にも意味がある．行動分析で得られる多くの量的なデータがこれに当たる．

(4) 代表値とデータのばらつき

データを代表する値として，「平均値」「中央値」「最頻値」などがある．「平均値」は，知っての通り，すべてのデータの和を全データ数で割った値である．一般的には，平均値が代表値として有名であるが，多くのデータから極端に外れたデータがある場合などは，必ずしもデータを代表する値として適さない．中央値は，データを大きさの順番で並べた際に真ん中にくる値である．データが偶数個の場合は，真ん中に近い2つの値の平均となる．先ほど説明したような極端に外れたデータがある場合は，中央値のほうが平均値より，代表値として直感的に近いと感じることがあるだろう．最頻値は，もっとも出現する数の多いデータであり，必ずしもひとつに決められない．また，データが整数値ではなく，小数点も含む連続の数値である場合は，一定間隔の区間に区切り，ヒストグラムを作成して求めることができる．

データを考える際に代表値とともに重要なのがばらつきである．データのばらつきを示す値として，分散，標準偏差，四分位範囲について簡単に説明する．分散（標本分散）は，それぞれのデータが平均値からどれだけ離れているかを示す指標で，各データと平均値の差を2乗した値の平均である．分散の平方根が標準偏差であり，正規分布しているデータの場合，平均±標準偏差の範囲に全

データのおよそ3分の2が含まれることになる．四分位範囲は，データを順番に並べ，小さいほうから4分の1を第1位四分位値，大きいほうから4分の1を第3位四分位値と呼ぶ．

　これらデータの代表値とばらつきをグラフで可視化することにより，ざっと自分の収集したデータの傾向を確認することができる．

（5）統計的検定とモデル選択

　こんなシチュエーションを考えてほしい．雄と雌である行動の発現頻度に差があるかを調べていて，雄の平均値が雌の平均値より高かったとする．この差は偶然得られたものではなく，雄のほうがより高頻度で行う行動だと結論づけてよいのだろうか．

　このような状況で行うのが，統計的検定である．検定では，得られたデータはある母集団（データの集まり）から取り出したデータ（サンプル）だと見なす．そして，母集団の仮説として「帰無仮説」を設定して，観察された事象が生じる確率を計算し，これが非常に稀にしか起きなかった場合に，帰無仮説を棄却する，つまり「対立仮説」を採択するという手順をとる．先ほどの例で考えると，証明したい内容である「雌雄間で行動の発現頻度に差がある」ということが「対立仮説」になり，「雌雄間に差がない」ということが「帰無仮説」になる．そして，帰無仮説が成り立つ，つまり母集団には差がないとした場合，観察された雌雄間の差と同じか，より大きい差が偶然にデータとしてサンプルされる確率を計算する．この確率が非常に低いとき，たとえば5％より小さいときに，「雌雄間に差がない」を棄却し，「差がある」を採択するのである．この場合，「有意水準5％で有意差があった」という．この有意水準を5％とするのは慣例的であるが，なぜ20回に1回以下しか起きないことを非常に稀にしか起きないと考えるのかに合理的な理由があるわけではない．

　また検定には，「片側検定」と「両側検定」とが存在する．片側検定は，ある特定の方向にのみ効果が表れる場合に行うもので，効果の方向性があらかじめわかっていないものであれば両側検定を行う．今回の例であれば，「雄＞雌」なのかを検証するのが片側検定で，「雄≠雌」（つまり「雄＞雌」または「雄＜雌」）なのかを検証するのが，両側検定になる．両側検定の場合，「雄＞雌」と「雄＜雌」の両方が起こる確率が非常に稀である必要があるので，片側検定のほう

が有意差を検出しやすい．そこで片側検定を使いたくなるかもしれないが，片側検定は研究を行う前の段階でその方向性があらかじめわかっている場合でのみ使用可能であり，実際の研究では両側検定を使用することが多い．

　検定を行ううえでもうひとつ重要なのが，母集団の分布である．パラメトリック検定と呼ばれるものは，母集団が正規分布をしていて，等分散（比較する集団の分散が等しい）であると仮定している．一方，母集団の分布について制限を設けない方法がノンパラメトリック検定と呼ばれている（ただし，マン・ホイットニーのU検定など一部の方法には等分散性が要求されるので，注意が必要である）．

　以下よく使用する統計的方法について簡単にまとめるが，自分のデータを解析する際には，必ず詳しく記述してある参考書を参照して，手法を理解したうえで行ってほしい．

1. 集団間の差の検定

　2群間の平均値の差を検定する方法として，t検定がある．t検定は，正規分布する間隔尺度・比率尺度のデータでしか使用できない．2群の等分散性が疑わしい場合は，ウェルチ（Welch）の方法によるt検定を使用することがある．2群間の代表値の差を検定するノンパラメトリックな方法として，データの大きさの順位を用いるマン・ホイットニー（Mann-Whitney）のU検定や中央値検定がある．

　3群間以上の場合は，パラメトリックな方法として一元配置分散分析，ノンパラメトリックな方法として，クラスカル・ウォリス（Kruskal-Wallis）の検定がある．

2. 2×2 行列の検定

　血縁者ペアと非血縁者ペアでの交尾の調査で，表3.1のような架空のデータを得られたとしよう．この場合，血縁者ペアでは9%（5/55），非血縁者ペアでは50%（50/100）で交尾が見られるので，血縁者ペアでは交尾を避けていると思われる．このようなデータの検定法として，フィッシャー（Fisher）の正確確率検定やカイ2乗検定がある．このうち，カイ2乗検定は，近似的な要素があるので，サンプル数が少ないとき（1未満の期待値がある，あるいは期待値の

表 3.1 架空データ——血縁と交尾の関係.

	血縁ペア	非血縁ペア
交尾する	5	50
交尾しない	50	50

多くが 5 未満となる場合）には，フィッシャーの正確確率検定を用いたほうがよい．実際に表 3.1 の例で，フィッシャーの正確確率検定を行うと，有意水準 1% で有意となる．

3. 相関・回帰分析

2 つのデータが相関しているかどうかを検定する方法として，ピアソン（Pearson）の相関係数，スピアマン（Spearman）の順位相関係数，ケンドール（Kendall）の順位相関係数を使用したものがある．ピアソンは，主に間隔尺度，比率尺度のデータに対して行い，スピアマンとケンドールは，順序尺度のデータに対しても行える解析である．

相関の解析と似て非なるものが，回帰分析である．相関は 2 つの変数の関係を示すものであるが，回帰分析はひとつの変数（独立変数，あるいは説明変数）でもうひとつの変数（従属変数，あるいは応答変数）をどれくらい説明できるかを定量的に分析する手法で，従属変数が正規分布をしている場合に使用できる．独立変数が複数の場合を重回帰分析と呼ぶ．複数の独立変数がある場合，どの変数の影響が大きいかを調べることもできる．

4. 一般化線形モデル

分析する内容が異なるので一元配置分散分析と回帰分析を別の項目で扱ったが，回帰分析の独立変数が名義尺度だとすれば，ほとんど一元配置分散分析と同じである．これらの解析は，母集団が正規分布をしていて，等分散であることが必要であるが，異なった分布についても扱えるのが一般化線形モデル（Generalized linear model: GLM）である．一般化線形モデルは，基本的に回帰分析と同じで，あるデータの変動をいくつかの変数の変動で説明するためのモデルである．

一般化線形モデルにおいても，統計的検定をすることは可能であるが，赤池情報量基準（AIC）などの基準でモデルの当てはまりのよさを評価する方法もあ

る（モデル選択）．さまざまな研究で統計的検定が用いられているが，検定の欠点も指摘されており（久保，2012を参照），そのような点も考慮して，自分が行う統計を決定したほうがよい．ちなみに，モデルの当てはまりのよさで，どの変数で現象が説明できるかを検討する方法は，回帰分析でも行える方法である（回帰分析はGLMに内包されるので当たり前ではあるが）．

最近では，実際の研究データで考慮する必要のある個体差や調査地の差の効果を表現できる，一般化線形混合モデル（Generalized linear mixed model: GLMM）が使用されることも多くなってきた．哺乳類の行動データの場合は，数頭の個体を対象に収集することが多いので，この方法は有益だろう．

3.3 成果発表

（1）学会やセミナーでの発表

研究の目的によって異なるが，多くの場合，研究成果を発表する必要がある．ここでは，主に若手の研究者向けに発表の意義や方法についての概略を述べる．最初の研究発表の場としては，所属研究室主催のセミナーなど身近な研究者が集まる場が多いであろう．もちろん，中にはいきなり学会など多くの研究者が集まる場で発表することもあるだろう．いずれにしろ，発表することにより，自分では想定できなかった有益なコメントがもらえ，研究の内容を洗練することが期待できる．とくに，研究経験が浅いうちは，自分の研究内容を客観視することが難しいため，論理的矛盾などに気づきにくいので，発表でのコメントは非常に有益である．

発表をしたのによいコメントをもらえないこともないわけではない．その場合，聞いてもらった相手が悪いのではなく，発表した本人が悪いことがけっこう多い．きちんとした発表をしていなければ，当然，よいコメントをもらうことなどできない．よいコメントをもらえる発表を行うのに重要な点は，「聞き手の立場を考える」ことである．たとえば，所属研究室主催のセミナーでの発表と学会発表では，必ずしも同じ発表の仕方がよいわけではない．所属研究室でのセミナーの場合，対象とする動物や研究の背景を共有していることも多いので，多少背景の説明を省くこともあるだろうが，学会などではきちんと説明す

べきであろう．学会によって参加者の関心が異なるので，すべての学会で同じように発表するのではなく，その聴衆の立場を考慮に入れるべきである．また，「聞き手の立場を考える」ことは，聴衆の立場などを考慮するだけにとどまらない．当然，見にくい発表やわかりにくい発表をするべきではない．自分が見やすいと思っても，必ずしも皆がそう思うわけではないので，身近な人に確認するのがよいだろう．内容についても，自分では論理的なつもりでも，他人にとっては支離滅裂に感じることもあるので，十分に吟味する必要がある．

具体的な発表の仕方については，詳しく記した参考書を参照してほしいが，「口頭発表の際にスライドの文字数を多くしない」ということだけ指摘しておく．これは，多くの人が初めてスライドを作成する際にやってしまうことなので，あえて指摘しておく．文字数が多いと，見にくいだけでなく，聴衆はそれを読むのに必死で，話している内容が耳に届かないということもある．発表を聞いている全員が，発表者の意を汲もうと必死に話を聞いているわけではないので，工夫しないと自分の伝えたいことを伝えられない．これも「聞き手の立場を考える」ことのひとつである．授業を受けていたときのことを思い出してほしい．しっかり集中して，すべての話を聞いているのに，「何をいっているんだか，わからない」と思ったことはないだろうか．この話で，聴衆がみな細かい部分まで丁寧に聞いてくれると想定しないほうがよいことがわかってもらえるのではないか．

(2) 論文・報告書での発表

研究の締めくくりとして，論文や報告書などの文書にすることが多い．文書にする作業により，口頭発表やポスター発表より，さらに頭を整理して研究の完成度を上げることができる．この項に関しても，類書があるので，詳しくはそちらを参照してほしいが，ここでは，ごく簡単に科学論文の構成と書き方について説明する．

論文は，掲載する雑誌などにより多少異なる場合もあるが，題目(タイトル)，要旨，序論(イントロダクション)，材料・方法，結果，考察，謝辞，引用文献から構成される．以下に簡単にそれぞれの項目について説明する．

I. 題目

研究内容を端的に示す必要がある．対象や課題などを含めながら，独自の

視点をアピールできる題目がよいだろう．

II．要旨

　研究内容を適度な長さにまとめ，これを読めば研究の概略がわかるようにすべきである．つまり，序論，材料・方法，結果，考察すべてを含む必要がある．とくに，結果と結論をわかりやすく説明する．

III．序論

　なぜ研究を行うのかを説明する．研究の面白さを伝えるには，これまでの研究も参照しながら，研究課題の現状を説明したうえで，何が問題で何を目的に研究するのかを説明する．

IV．材料・方法

　過不足なく，研究の対象や方法を述べる必要がある．科学の世界において再現性は重要であるので，他の研究者が読んで同じように研究できるように書かなくてはならない．

V．結果

　解釈を加えずに，わかりやすく図表を交えながら示すとよい．同じことを何度もいわないようにシンプルな文章を心がけてほしい．

VI．考察

　データを踏まえいいたいことをまとめたうえで，序論で提示した課題の何がどこまでわかったのかを示さなければならない．つまり，序論と対応させながら，課題に対する結果の位置づけを行うのが考察である．結果のまとめだけを行うのは考察ではない．

　最初のうち，いきなり論理的に文章を組み立てるのは大変であろう．文章の構成を考えるには，序論や考察などで主張したいことを短い文章にして，箇条書きにするとよい．そして，それぞれの文章の関係を整理したうえで，論理的な文章の組み立てを考えると，頭の中が整理できるだろう．短く文章化することにより，ただ頭の中で構成を考えるより，整理しやすくなる．研究計画の際にも指摘したが，一度整理した後，少し時間が経ってから見直すと，客観的に見ることができ，構成の問題点に気づくこともある．とくに，いくつかの重要な結果を含む論文を書くときは，うまく構成を組み立てないと読者に面白さが伝わらなくなってしまうので，しっかり練ってほしい．

第 2 部　実践編

　第2部「実践編」では，日本に生息する野生哺乳類の行動観察に基づく研究の実践例を，生態，社会，繁殖，異種間関係と大きなテーマごとに章で分け，さらに各章を小テーマごとに節で分けて紹介していく．「はじめに」でも書いたように，研究例はその数の多さからニホンザルが中心にはなってはいるが，極力，多様な対象種が含まれるよう配慮した．さらには，扱う行動，調査地，観察法，記録法も多様となるよう心がけた．そしてそれぞれの研究が，具体的にいつどれだけの期間（調査期間，日数，時間），どこで（調査地），どの種を対象（対象種）に，どのような観察法と記録法を用いて行われたのかをわかりやすくするために，データセットとしてそれぞれを個別に表記するようにした．なお，データセットにおいては対象種は亜種名で表記したが，本文中は種名で通した．また，本編で紹介する研究58例のデータセットの概要については附表を，調査地の位置については，附図を参照いただきたい．

　本書は第一義的にハウツー本であることを優先させたその必然的な結果として，たとえもっとも多くの研究を紹介することになっているニホンザルにおいてさえ，その種の主な行動を網羅した内容とはなっていないことをお断りしておく．逆にいえば，種を問わなければ多様な行動を取り上げているので，それぞれの研究が扱ったテーマ，行動を他種に適用する際の参考にしていただけることと思う．その意味で，この「実践編」を先に読んで，関心が持てたテーマ，行動から「逆引き」的に方法に当たり，第1部「方法編」でその詳細を学ぶ，という活用をしていただくのもよいかもしれない．

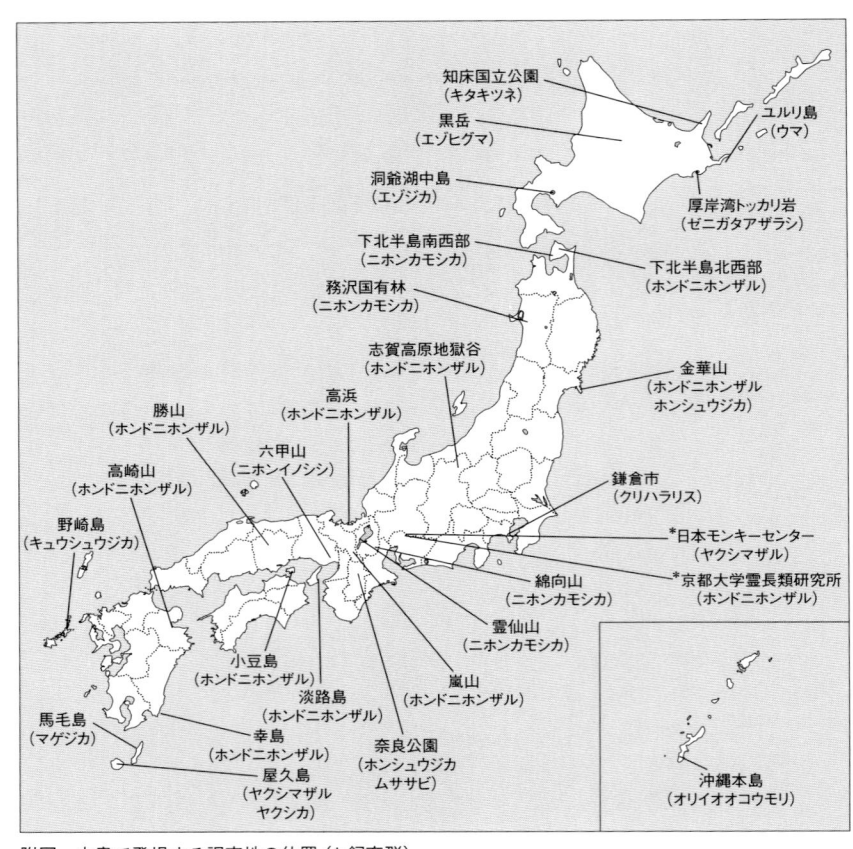

附図　本書で登場する調査地の位置（＊飼育群）．

附表　研究例一覧

例	テーマ	調査地	対象種[1]	観察法[2]	記録法
1	生態	金華山	サル	個体追跡	瞬間
2	生態	下北半島南西部	カモシカ	個体追跡	瞬間
3	生態	鎌倉市	リス	個体追跡（ルート）	連続
4	生態	幸島	サル	個体追跡	連続
5	生態	奈良公園	ムササビ	行動（ランダム）	連続
6	生態	屋久島・金華山	サル	スキャン／個体追跡	瞬間／連続
7	生態	奈良公園・馬毛島	シカ	個体追跡	連続
8	生態	下北半島北西部	サル	スキャン	瞬間
9	生態	屋久島	サル	スキャン	瞬間
10	生態	屋久島	サル	個体追跡	連続
11	生態	黒岳	クマ	個体追跡	連続
12	生態	金華山	サル	個体追跡	連続
13	生態	洞爺湖中島	シカ	行動（ルート）	瞬間
14	生態	奈良公園	ムササビ	行動（ランダム）	連続
15	生態	屋久島	シカ	個体追跡	瞬間
16	生態	金華山	サル	個体追跡	連続
17	生態	屋久島	サル	個体追跡	連続
18	生態	屋久島	サル	個体追跡	連続
19	生態	金華山	サル	個体追跡／スキャン	連続／瞬間
20	社会	金華山	シカ	―	―
21	社会	屋久島	サル	―	―
22	社会	下北半島南西部	カモシカ	―	―
23	社会	六甲山	イノシシ	―	―
24	社会	厚岸湾トッカリ岩	アザラシ	全生起（定点）	連続
25	社会	幸島	サル	個体追跡	連続
26	社会	志賀高原地獄谷	サル	個体追跡	連続
27	社会	知床国立公園	キツネ	行動（ルート）	連続
28	社会	志賀高原地獄谷	サル	個体追跡	連続
29	社会	高浜	サル	行動（シークエンス）	連続
30	社会	嵐山	サル	行動（シークエンス）	連続
31	社会	多地域	サル	個体追跡・アドリブ／スキャン	連続／瞬間
32	社会	屋久島	サル	個体追跡	瞬間・ワンゼロ
33	社会	屋久島	サル	個体追跡	連続
34	社会	奈良公園	シカ	個体追跡・アドリブ	連続
35	社会	鎌倉市	リス	全生起（定点）	連続
36	社会	金華山	サル	個体追跡／全生起	瞬間／ワンゼロ
37	社会	ユルリ島	ウマ	スキャン／全生起	瞬間／連続
38	社会	勝山	サル	個体追跡	連続・瞬間
39	社会	金華山・屋久島	サル	アドリブ	ワンゼロ
40	繁殖	奈良公園	シカ	行動（ルート）・個体追跡	連続
41	繁殖	鎌倉市	リス	行動（ルート）・ソシオメトリック	連続
42	繁殖	屋久島	サル	個体追跡	連続
43	繁殖	金華山	シカ	個体追跡・アドリブ	連続
44	繁殖	野崎島	シカ	全生起（定点）	連続

附表　研究例一覧（続き）．

例	テーマ	調査地	対象種[1]	観察法[2]	記録法
45	繁殖	嵐山	サル	個体追跡	連続
46	繁殖	金華山	サル	個体追跡・アドリブ	ワンゼロ
47	繁殖	勝山	サル	個体追跡	連続
48	繁殖	志賀高原地獄谷	サル	個体追跡	連続
49	繁殖	務沢国有林	カモシカ	個体追跡	連続
50	繁殖	奈良公園	シカ	個体追跡	連続
51	繁殖	淡路島	サル	個体追跡	連続
52	繁殖	下北半島南西部	カモシカ	個体追跡	連続
53	異種間	霊仙山・綿向山	カモシカ	全生起（定点）	連続
54	異種間	鎌倉市	リス	行動（ルート）	連続
55	異種間	沖縄本島	コウモリ	全生起（定点）	連続
56	異種間	屋久島	サル	個体追跡	瞬間
57	異種間	屋久島	シカ	個体追跡	瞬間
58	異種間	屋久島	シカ	全生起（定点）	連続

[1] スペースの都合上，略称で表記．[2] ランダム踏査はランダム，ルート踏査はルート，ソシオメトリック・マトリックスはソシオメトリックと表記．／での区切りは，記録法と対応．たとえば例6では，スキャンサンプリングで瞬間記録を，個体追跡サンプリングで連続記録を用いたことを示している．

4 生態

4.1 行動圏，縄張り，土地利用

　動物は生息地の中のおおよそ決まった地域内で，食物，水，泊まり場，ときには異性といった資源を求めて，探索移動しながら生活している．通常，そうした地域を行動圏（サルの場合にはとくに遊動域）と呼んでいる．行動圏をどこにどれくらいの大きさで構えるかは食物の影響を強く受けるので，行動圏の位置や大きさには，季節差や，さらには年変動がある．また，行動圏内の場所による利用頻度の違いも，同じ理由で変化する．行動圏のうち，とくに利用頻度が高い場所のことを，コアエリア（集中利用域）と呼ぶ．行動圏，およびコアエリアの場所やその利用頻度の違いを調べ，違いをもたらす要因を探るのが土地利用の研究である．また行動圏の全部，あるいは一部を，他個体，あるいは他群を排除するなどして排他的に利用する場合には，そのエリアを縄張り（テリトリー）と呼ぶ．このことからわかる通り，土地利用は隣接して行動圏を構える個体や群れの影響も受ける．

(1) 研究例1――群れの行動圏

　ニホンザルのように群れを形成する動物の場合には，群れの行動圏を調べることになる．個体を追跡しながら群れの行動圏を調べる際には，ここで紹介する研究（Tsuji and Takatsuki, 2004）のように，群れの中心部にいる個体を数多く選んで対象とするのがよい．位置データは，追跡個体からおよそ10 mの距離にいる観察者が携行するGPSで10分ごとに記録されている．行動圏全体，利用頻度の高い場所から25％，50％のコアエリアは，固定カーネル法（よく使用される野生動物の行動圏の推定方法）で求められた．

データセット

- [調査地] 金華山（宮城県）
- [対象種と群れ] ホンドニホンザル（*Macaca fuscata fuscata*）A 群
- [観察期間，日数，時間] 2000 年 5 月（8 日 88 時間），7～8 月（14 日 133 時間），10 月（10 日 83 時間），2001 年 1 月（8 日 65 時間），5～6 月（14 日 133 時間），7～8 月（17 日 148 時間），10～11 月（15 日 189 時間），2002 年 1 月（6 日 44 時間）
- [観察法] 個体追跡（オトナ雌 5～10 頭）
- [記録法] 瞬間（10 分間隔）

結果と考察

図 4.1 は，行動圏，およびコアエリアの季節差，年変動を表している．同じ年でも季節が違えば，同じ季節でも年が違えば，その位置も面積も異なることがわかる．行動圏全体の面積でいえば，2000 年度は 1.29～1.95 km^2，2001 年度は 0.79～1.88 km^2 でいずれの年も夏が最小，冬が最大であった．ちなみに群れサイズは，27～37 頭であった．春の 50% コアエリアは，2000 年 0.54 km^2，2001 年 0.18 km^2 でいずれの年も標高約 100 m に位置し，この時期の主要食物であるメギの若葉と花，およびケヤキの若葉の分布とおおむね一致していた．夏の 50% コアエリアは，面積は 2000 年 0.30 km^2，2001 年 0.17 km^2 と違いがあるが，位置的には両年で大差なく，果実を利用するクマヤナギの分布と一致していた．秋の 50% コアエリアは年により大きく異なり，2000 年は行動圏南部にある堅果を利用するケヤキの分布と（0.36 km^2），2001 年は中央部にある種子を利用するカヤの分布と一致していた（0.33 km^2）．冬の 50% コアエリアも年によって大きく異なり，2000 年度は行動圏南北 2 箇所に分かれ，この秋豊作だったケヤキとイヌシデの落果が食べ続けられた両種の木の分布と一致したのに対し（0.49 km^2），2001 年度は秋の堅果が凶作だったため，樹皮や冬芽を利用するサンショウの分布と一致した（0.48 km^2）．

（2）研究例 2——個体追跡による個体の縄張り

ニホンザルと対照的に，ニホンカモシカは単独生活者である（図 4.2）．その単独生活者であるニホンカモシカを 1976 年以来，角の形や顔や耳の傷などの

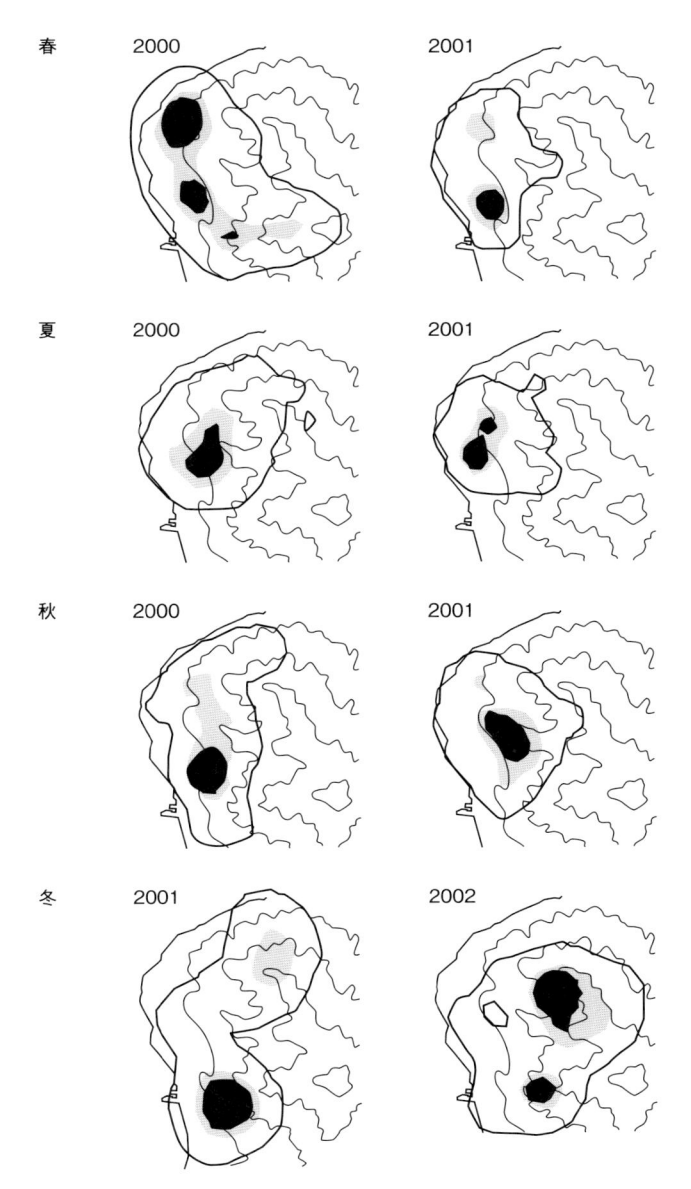

図 4.1 金華山 A 群のニホンザルの 2000〜2002 年の季節行動圏（太線）と 25％ コアエリアと 50％ コアエリア．等高線は 100 m 間隔で示してある．（Tsuji and Takatsuki, 2004 の Fig. 2 を改変）

図4.2 長野県浅間山の岩の上で休息するニホンカモシカの母とアカンボウ．子供の角はほとんど見えないくらい短い．（中村匡男氏撮影）

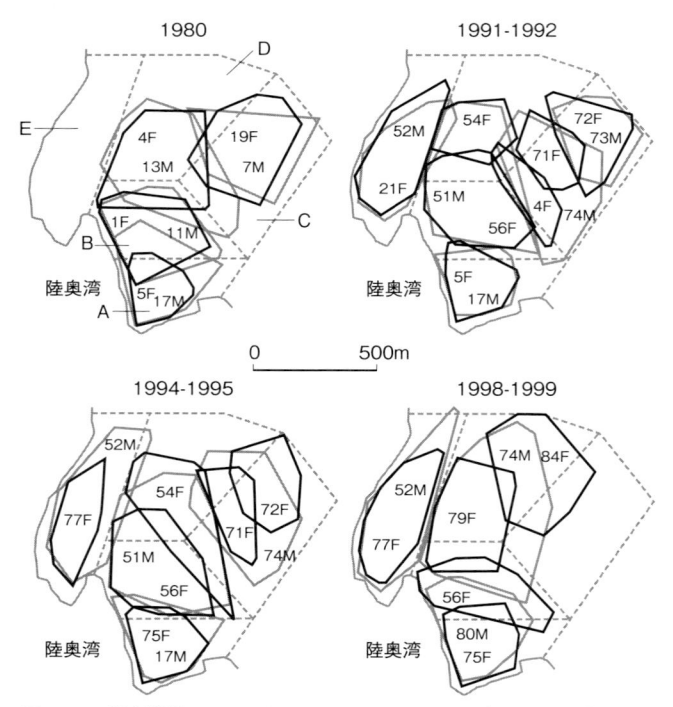

図4.3 4調査期間におけるオトナのニホンカモシカの縄張りの分布．黒線は雌を，灰色線は雄を表している．それぞれの縄張りの保有者を番号で，それぞれ雄はM，雌はFに添えて示してある．調査地は破線を境界とするA～Eまで5つの地域に分割できる．（Ochiai and Susaki, 2002のFig. 1を改変）

特徴だけで 95 頭を個体識別したうえで，行動観察を継続している研究（Ochiai and Susaki, 2002）の一部を紹介する．GPS などない時代から継続されている研究である．対象個体も観察者の存在に慣れており，10～20 m の距離で追跡し，その位置を地形図に落としていく．位置の記録間隔は明記されていないが，おそらくはある一定以上の距離の移動があったときに記録されているのだろうと推察される．行動圏は最外郭法で求められた．

データセット
- [調査地] 下北半島南西部（青森県）
- [対象種] ニホンカモシカ（*Capricornis crispus*）
- [観察期間，日数，時間] 1980 年 1～12 月，1991 年 6 月～1992 年 5 月，1994 年 6 月～1995 年 5 月，1998 年 6 月～1999 年 5 月（年平均 17 日）
- [観察法] 個体追跡（雄 11 頭，雌 14 頭）
- [記録法] 瞬間（一定の移動距離ごと）

結果と考察

図 4.3 は，4 年間のオトナ雄，オトナ雌の行動圏を示す．平均行動圏面積には性差があり，雄 16.6 ha，雌 10.5 ha と雄のほうが有意に大きかった．雄も雌も同性内では，行動圏はほとんど重複せず（雄間 16.4％，雌間 15.1％），他方，異性間では大きく重複している．調査期間中にオトナあるいはワカモノの間の出会いを合計 41 回が観察したが，同性内の出会い 25 回すべてにおいて攻撃的な追いかけ，あるいは退避が見られ，他方，異性間の出会い 16 回中非敵対的な出会いが 12 回を占めた．このことから，ニホンカモシカの行動圏は同性間では縄張りとして機能していることがわかった．

(3) 研究例 3 ── ルート踏査による個体の行動圏

他の哺乳類では，ニホンジカ（Miura, 1984），エゾナキウサギ（*Ochotona hyperborea yesoensis*; Kawamichi, 1970），ムササビ（Kawamichi *et al.*, 1987），エゾシマリス（*Tamias sibiricus lineatus*; Kawamichi, 1996），移入種であるクリハラリス（タイワンリス）などで，直接観察によって行動圏，縄張りが調べられている．これらの研究では，観察ポイントから調査地の全体または一部を見

渡しながら観察したり，一定のルートで歩行し発見個体を識別してプロットし，その個体を短い期間追跡した後ルートに戻って他の個体を探す方法などがある．ここでは，後者の方法を採用したクリハラリスの研究を紹介する (Tamura *et al.*, 1988)．この研究では，鎌倉市で野生化している移入種クリハラリスを捕獲して個体識別用の首輪を装着して放獣し，以下順次紹介するようにさまざまな観察を行った．行動圏については，2.3 km の一定のルート上を週1回，1日4回歩き，直接観察で発見したリスの個体名，位置や行動を記録した．

データセット
- [調査地] 鎌倉市 (神奈川県)
- [対象種] クリハラリス (*Callosciurus erythraeus thaiwanensis*)
- [観察期間] 1982年4月～1985年5月
- [観察法] 個体追跡 (ルート踏査)
- [記録法] 連続

結果と考察

交尾がもっとも頻繁に見られる冬から春には，オトナ雄15頭，オトナ雌7頭が定住していた．他方，交尾があまり見られない秋から冬にはオトナ雄11頭，オトナ雌7頭が定住しており，そのうち雄6頭と雌3頭は前年の冬から定住していた．両性の行動圏は重なり合っていた．雌については，同性で行動圏が重なっていた個体は2.3頭 (冬から春)，1.6頭 (秋から冬) であった．雄では，それぞれ12.6頭，8.7頭であった．季節にかかわらず，雄の重なりの程度が雌よりかなり大きかった．

行動圏面積は，雄で2.62 ha (冬から春)，1.25 ha (秋から冬) で有意な季節差があった．一方，雌では0.69 ha，0.48 ha で有意な季節差はなかった．行動圏面積は，どちらの期間も性差があり，雄のほうが雌より有意に大きかった．

このような結果から，クリハラリスの雄は雌の3～4倍の広い範囲を動き回り，1個体の雌に対して多くの雄が行動圏を重ねる生活を1年中続けており，交尾が特定の季節に限定される他のリスでは交尾期のみにしか見られない社会構造を年中続けているといえる．このことが，第6章研究例41で紹介する交尾行動に関係してくる．

（4） 研究例 4 ── 食物の分布と土地利用

　土地利用研究では，食物，とくに主要食物の分布を調べることが必須である．ここで紹介する研究（Go, 2010）においては，行動圏を 50 m × 50 m の 118 個ものグリッドに区切り，それぞれに 15 m × 15 m の方形区をひとつずつ設定した．方形区内の植物を高さ 10 m 以上，4～10 m，1～4 m の木本層，1 m 未満の草本層の各層ごとに，主要食物ごとの被度面積に高さを掛け合わせてその量を体積で表したものを食物のアベイラビリティー（利用可能性）の指標とした．さらに，果実，新葉，花を利用する種については，その部位が利用可能な植物個体があるか否かを，ワンゼロで記録した．また，位置データは，追跡個体の位置を GPS で 1 秒ごとに記録した．

データセット
- [調査地] 幸島（宮崎県）
- [対象種と群れ] ホンドニホンザル（*Macaca fuscata fuscata*）主群
- [観察期間，日数] 2002 年 2 月，4 月，9 月，11 月（合計 55 日）
- [観察法] 個体追跡（オトナ雌 6 頭）
- [記録法] 連続（行動）

結果と考察

　図 4.4 は，季節ごとの主要食物の空間分布を示している．他方，図 4.5 は，季節ごとの採食時間割合の空間分布を示している．季節ごとに両者を見比べ，後者に近い分布を示す食物がサルの土地利用を決めているといえる．変数選択重回帰分析を使って調べたところ，土地利用を決めているのは，冬はオガタマノキの種子とスゲ類の葉，春はヤマザクラの果実とやはりスゲの葉，夏はクスノキの果実とオガタマノキの果実，そして秋はやはりオガタマノキの果実とアラカシの堅果であった．

（5） 研究例 5 ── 移動能力

　動物はその行動圏内を移動しながら生活しており，その移動の様式や速度はさまざまである．陸上を非常に速い速度で走る動物もいれば，長時間の潜水を

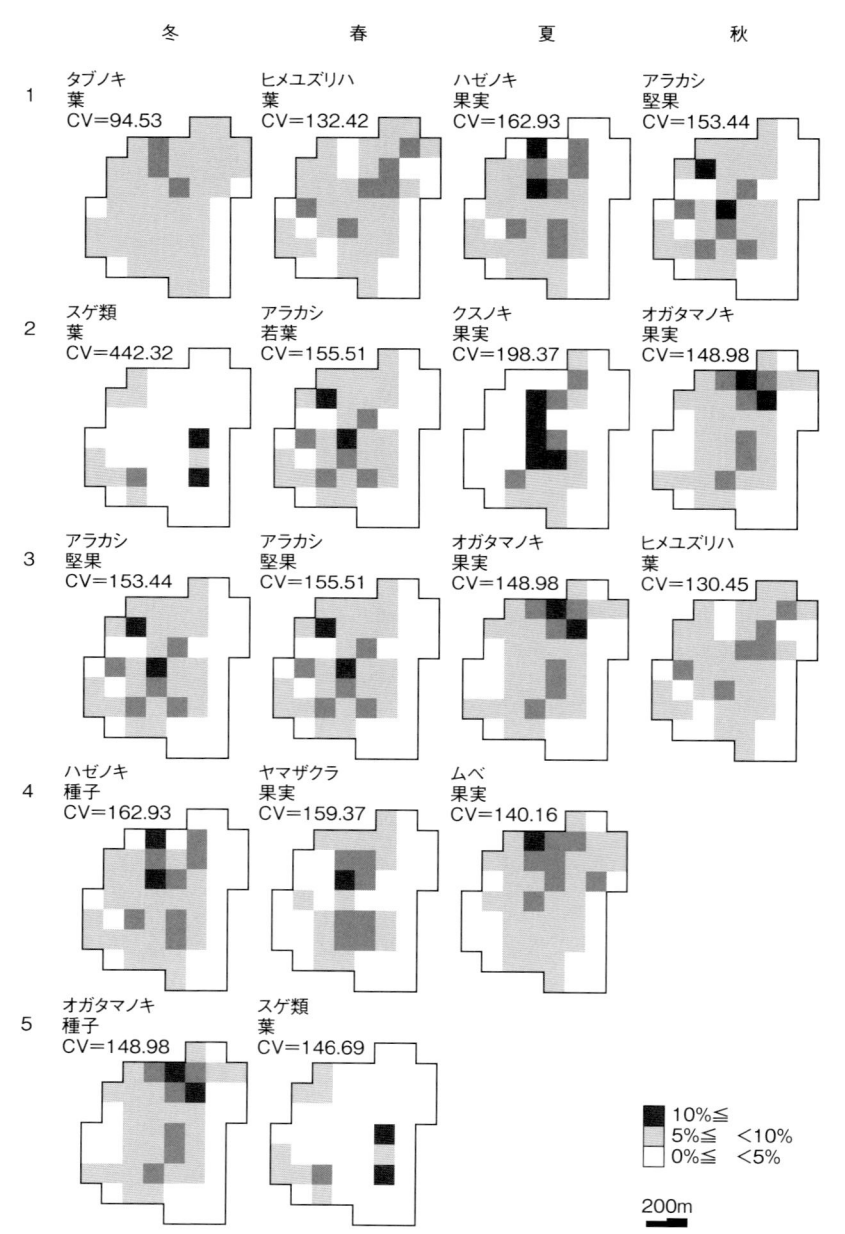

図 4.4 幸島主群のニホンザルの行動圏内における季節ごとの主要食物品目の空間分布．品目ごとに総量に占める各グリッド中に存在する量を％で表した．(Go, 2010 の Fig. 3 を改変)

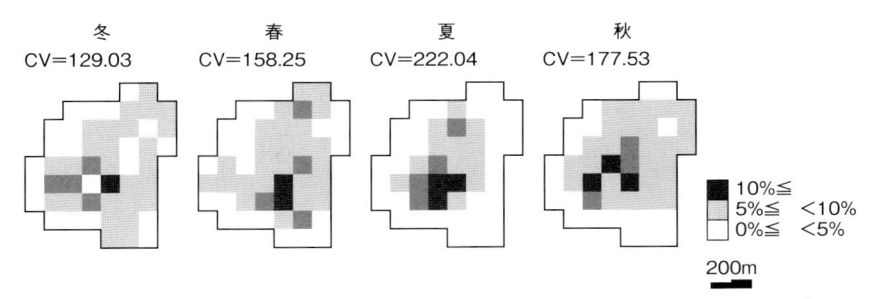

図 4.5 幸島主群のニホンザルの行動圏内における季節ごとの採食時間割合の空間分布．総採食時間に占める各グリッドにおける採食時間割合を％で表した．(Go, 2010 の Fig. 4 を改変)

図 4.6 樹洞から顔を出す長野県軽井沢町のムササビ．(中村匡男氏撮影)

する動物もいるし，非常に長い距離を跳躍する動物もいる．これらの能力は，その動物の生活と深く関わっている．また，これらの能力は進化の過程で獲得されたものであるが，その能力を正確に測定するのは難しい．最近では，動物に計測機器をつけたりして測定することができるようになってきた．しかし，直接観察からそれを明らかにすることができる場合もある．ここでは，ムササビ（図 4.6）の滑空開始と終了の位置と樹の高さを測定し，地面の傾斜分を補正して，滑空距離，角度，滑空比を計算し，ビデオ映像から滑空速度を推定するというムササビの滑空能力の測定とその形態の関係を調べた研究 (Stafford et al., 2002) を紹介する．

データセット
●[調査地] 奈良公園（奈良県）

- [対象種] ムササビ (*Petaurista leucogenys*)
- [観察期間，時間] 1999年5月12日～6月15日 (91.5時間)
- [観察法] 行動 (ランダム踏査)
- [記録法] 連続

結果と考察

150回の滑空を観察し，57回の滑空で滑空比を計算し，ビデオ撮影できた29回の滑空で速度を計算した．滑空比（距離／落下長）は平均1.87で，他の研究で知られているこの種の比率の中でもっとも高い3.0～3.5という滑空比も記録された．速度は4.39～9.47 m/sであったが，他の調査地よりも遅く，滑空の角度は17.74～34.99度で高かった．滑空中のムササビのアスペクト比（皮膜の長さと幅の比）は，平均で1.42であり，滑空性哺乳類の中で高い値であった．

ムササビの滑空がどのように行われているかを観察し，ビデオの映像から，尾の動きや前肢の隠れたひれ状の骨の動きなど，ムササビがどのように距離と方向をコントロールしているかも検討されている．また，先行研究と比較し，その生息地の条件を検討したり，近縁種とアスペクト比を比較してムササビの滑空能力の進化について論じている．

4.2 活動の時間配分と活動カテゴリー

活動の時間配分とは，動物が1日24時間という有限な時間をどのような活動に割り振るかという問題を指す．多くの霊長類のように夜明けから日没までの日中に活動が限られる昼行性動物の場合には，この日中の活動時間内での時間配分で表すことが多い．また，たとえその動物が日中しか活動しないとしても，全活動時間観察できるとは限らないため，日中の観察時間中に占める各活動の時間割合をパーセント（%）表記するのが普通である．ただし，日本のような中高緯度地域では，季節によって日長時間が大きく変動するため，季節間の比較を行ったり，緯度の異なる地域間の比較をする場合には，日長時間を時間割合に掛けて実質時間で比較するなど，日長時間による補正をするのが望ましい．

活動の時間配分は，動物の大まかな活動特性を見るための指標である．よっ

て，活動といっても，採食，移動，休息，社会行動程度のそれぞれそれなりの時間を費やすような少数のカテゴリーに分類するのが普通である．その季節差，地域差，個体差を調べ，活動時間配分の変動要因を探る研究がなされている．

採食は，採食場所で食物を探し，見つけて手にし，ときには殻を割ったり皮をむいたりといった処理をして，口に運び入れるまでの一連の食物摂取行動である．よってニホンザルやリスなど頬袋のある動物が果実や種子を食べるとき，咀嚼・嚥下せずにとりあえず頬袋にかき込むが，この場合も口に入れるまでが採食と定義される．移動とは，位置移動を伴う行動である．位置移動を伴いながら昆虫を探す場合など，移動と採食の区別が困難な場合には，探索採食として別の行動カテゴリーとして扱う場合もある．

休息は，頭を左右に動かして周辺を見渡すことはあっても，目立った行動もせずに動いていない場合を指す．ニホンザルではグルーミングを受けている場合を除いて，長時間四足で立ったまま（立位）動かないでいることはないので，休息は座位である．しかし，ニホンジカやカモシカの場合には，立位姿勢を維持したまま動かない場合もあるため，座位と立位を区別する場合もある．また，自己グルーミング（自分で自分の体をグルーミングする）も休息に含まれることが多い．ニホンザルのような頬袋のある霊長類では，採食場所ではこの頬袋に果実をかき込んだ後，場所を変えて頬袋から取り出したその果実を種子と果肉に選別し，種子を吐き出しながら果肉を咀嚼して嚥下することがよくあるが，通常はこの行動は休息に分類される．ニホンジカやカモシカでは，休息しながら反芻，つまり吐き戻した食物を咀嚼したのち再び飲み込む行動が観察可能な場合には，反芻は休息とは別に記録する．

社会行動には，他個体に対するグルーミング（社会的グルーミングとか他者グルーミングと呼ぶ．以下，単にグルーミング）やマウンティング（一方がもう一方の背側から馬乗りになる行動），あるいは追いかけっこやレスリングなどのコドモの遊びなどの親和的行動，群れ内外の個体への威嚇，攻撃，縄張り防衛のための発声などの敵対的行動，雄雌間の交尾などの繁殖行動など，他個体が関与しているさまざまな行動を含む．ニホンザルのように，グルーミングを頻繁に行う動物の場合には，これだけを別個に扱って，残りをグルーミング以外の社会行動とする場合もある．水を飲む行動は，その他とするか，採食行動に含められることもある．

(1) 研究例6——活動時間配分の季節差と地域差：食物の質と分布に注目して

　活動時間配分研究の基本中の基本は，その季節（月）変動を調べ，そこからその変動要因を探る研究である．基本であるからこそ，最低でも1年分のデータを収集することが通常求められる．ここでは，その基本要件を満たしているのはもちろんのこと，食物カテゴリーごとの採食時間割合との相関を調べるというじつにユニークな手法により，季節変動要因を探ることに成功したヤクシマザルの研究論文をベースとしつつ，ヤクシマザルのパイオニア研究のデータを合わせることによりデータに厚みをもたせ，さらに金華山のホンドニホンザルのデータと比較した，内容の盛りだくさんな研究（Agetsuma and Nakagawa, 1998）を紹介する．紙面の都合上すべては紹介しきれないので，とくに，採食時間の変動に合わせて，他の活動カテゴリーがどのように変動するのか，あるいは変動しないのか，その理由に焦点を当てて紹介する．3名の研究者が個々独立に行った4つの研究のデータを用いているので，じつは観察法がまちまちである．とくに，屋久島ではスキャンサンプリングが主で，群れのすべての個体が対象になっているのに対して，金華山の個体追跡サンプリングではオトナ雌が主な対象になっているという違いはけっして小さいとはいえないが，それ以上に地域を問わず一貫した季節差が見られる一方で，大きな地域差が認められる点に注目されたい．

データセット1
- [調査地] 屋久島低地林（鹿児島県）
- [対象種と群れ] ヤクシマザル（*Macaca fuscata yakui*）P群，T群
- [観察期間，日数，時間] 1989年8月～1992年4月中28半月期（112日，907.3時間）
- [観察法] スキャン（5分継続―10分間隔）
- [記録法] 瞬間

データセット2
- [調査地] 屋久島低地林（鹿児島県）
- [対象種と群れ] ヤクシマザル（*Macaca fuscata yakui*）KO群

- [観察期間, 日数, 時間] 1976年8月〜12月中5半月期 (59日, 239.9時間)
- [観察法] スキャン (5分間隔)
- [記録法] 瞬間

データセット3
- [調査地] 屋久島低地林 (鹿児島県)
- [対象種と群れ] ヤクシマザル (*Macaca fuscata yakui*) A群
- [観察期間, 日数, 時間] 1983年5月, 1985年8月2半月期 (16日, 169.4時間)
- [観察法] 個体追跡 (オトナ雌1頭)
- [記録法] 連続

データセット4
- [調査地] 金華山 (宮城県)
- [対象種と群れ] ホンドニホンザル (*Macaca fuscata fuscata*) A群
- [観察期間, 日数, 時間] 1984年11月〜1992年8月中20半月期 (143日, 1286.9時間)
- [観察法] 個体追跡 (オトナ雄と非発情オトナ雌)
- [記録法] 連続

結果と考察

　図4.7は，屋久島と金華山のニホンザルの活動時間配分を日長で補正した実質時間で表したその月変化を示している．採食，移動，休息，グルーミングの4カテゴリー以外の活動は時間的にはわずかなので省略してある．屋久島 (右) では，採食時間は10月が最低で以後増加し続け，4月をピークにして以後下がり続けた．それに対し，移動時間と休息時間はともに，採食時間の増減とまったく正反対の傾向を示した．また残るグルーミング時間は，月によりばらつきはあるが，ほぼ一定の時間を占めている．他方，金華山 (左) の採食時間は10月ごろから増加し始め，3月をピークに急激に下がり7月に最低の値を示した後，8月に向けて再度急激に増加し，その後また急激に減少するというふた山型の曲線を描いた．夏の終わりに一時的に高い値を示した点は異なるが，秋か

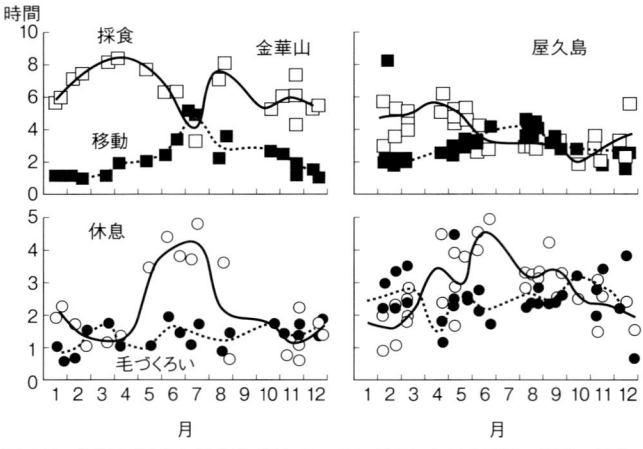

図4.7　金華山（左）と屋久島（右）のニホンザルにおける採食，移動，休息，グルーミングのそれぞれの行動に費やす時間の月変化．（中川，1999『食べる速さの生態学』の図7-1を改変）

ら初春にかけて増加し，以後秋にかけて減少する点は，屋久島と共通している．しかも，移動時間と休息時間がともに，採食時間の増減と正反対の傾向を示す点も，グルーミング時間がほぼ一定である点も共通している．

　動物は食物として外界からエネルギーや栄養素を取り込まねば生きてはいけないし，とくに雌の場合には栄養状態がその繁殖率に直結するため，採食はもっとも優先度の高い行動だと考えることができる．図4.7で表れた採食時間の月変化は環境側の食物条件，あるいは動物側の栄養要求の変化を補償するものと考えられる．これまた図4.7で見たように，屋久島，金華山いずれも，移動時間，休息時間ともに，採食時間と負の相関関係にある，つまり採食時間が増えれば移動時間，休息時間は減る．それに対し，グルーミング時間は，採食時間とは無関係である．

　採食時間が長くなるほど休息時間が短くなるのは，休息時間が自由時間，いいかえれば他の重要性の高い行動が不足する場合の余剰時間であるためである．では，移動時間が短くなるのはなぜだろうか．いずれの地域の食物でも，葉，冬芽，樹皮のように採食時間がかかるが移動時間はかからない食物と，果実，キノコ，昆虫のようにその逆のタイプの食物があり，それぞれのタイプの食物の占める割合の高低により，季節によって全体として，採食時間が長く移動時

間が短くなるか，採食時間が短く移動時間が長くなるかが決まっているということのようだ．

　地域差については，図 4.7 において活動カテゴリーごとに屋久島（右）と金華山（左）を比べてもらいたい．全体的に採食時間は金華山のほうが長く，残りの移動，休息，グルーミングは屋久島のほうが長いように見えるはずだ．採食時間のみ年間平均値で表すと，屋久島は平均 3.76 時間（日中の 30.8％）であるのに対し，金華山では 6.22 時間（同 53.9％）を示す．この違いは，金華山では屋久島に比べ，平均気温が低いためにその分体温維持するために余計にエネルギーが必要であることと，食物の乾重摂取速度（単位時間当たりに採食できる食物の重量，採食速度に食物の重量を掛けた値：研究例 16 参照）が低いことによると考えられている．

(2) 研究例 7——活動時間配分の季節差と地域差：ダニの生息密度に注目して

　個体追跡サンプリング法を用いながらも 10 分間という短時間で追跡個体を変えることで多くの性・年齢クラスの個体の追跡を可能にしているニホンジカの研究（Yamada and Urabe, 2007）を紹介する．その背景には，餌付けの結果最短 5 m からの観察が可能な奈良公園に対して，馬毛島では餌付けされておらず 100〜500 m の距離から単眼鏡を使って観察せざるをえないので，そこでも可能な調査方法に合わせたという事情がありそうだ．シカのグルーミングにはダニの除去という衛生的機能があることに着目し，グルーミングとダニの生息密度の関連を調べた点がじつにユニークである．ダニの生息密度は，シカ道に沿って 5 m のトランゼクトを設定し，5 m × 0.91 m のフランネル生地の白布を敷き，それに引っかかるダニの数をカウントして調べた．

データセット 1
- [調査地] 奈良公園（奈良県）
- [対象種] ホンシュウジカ（*Cervus nippon centralis*）
- [観察期間，日数，時間] 1998 年 4 月 8 日〜15 日，9 月 24 日〜10 月 12 日，1999 年 4 月 29 日〜5 月 6 日，8 月 11 日〜19 日，9 月 25 日〜10 月 1 日（6〜18 時）
- [観察法] 個体追跡（10 分間，毎日 20〜30 頭をランダムに選択）
- [記録法] 連続

データセット2

- [調査地] 馬毛島（鹿児島県）
- [対象種] マゲジカ（*Cervus nippon mageshimae*）
- [観察期間，日数，時間] 1998年4月20日〜11月27日（6〜18時）
- [観察法] 個体追跡（10分間，毎日20〜30頭をランダムに選択）
- [記録法] 連続

結果と考察

まず，各観察月の馬毛島と奈良公園のシカの活動時間配分を比較してみた．その結果，餌付けをされている奈良公園のシカの採食時間割合は月によって若干の変動はあるもののおおむね33%であったのに対し，馬毛島のシカのそれはおよそ63%とかなり高かった．逆に，馬毛島では休息時間やその他の活動時間の割合が低かった．

次に，ダニ生息密度と自己グルーミング，セルフスクラッチグルーミング（後肢の蹄で自身の体を引っかく行動），他者グルーミングの頻度の性差・年齢差を調べた．自己グルーミングについては，馬毛島では，調べることのできたコドモ雄を除く5つの性・年齢クラスのうち，コドモ雌以外はすべて有意な正の相関が認められた．セルフスクラッチグルーミングについても調べられたオトナ雌，オトナ雄大，オトナ雄小のうちオトナ雌では有意な正の相関が見られた．他方，馬毛島の他者グルーミング，奈良公園の3種のグルーミングでは有意な相関が認められたクラスはひとつもなかった．

以上の結果からダニの生息密度の高い馬毛島では，その時期変化に応じて自己グルーミング，セルフスクラッチグルーミングを増減させていることがわかった．しかし，馬毛島に比べて奈良公園のダニ密度はかなり低いにもかかわらず，これらの活動の時間割合には違いはなく，これは餌付けにより採食時間が少なくてすむことが影響を及ぼしていると考えられた．他方，他者グルーミングについては，いずれの地域でも，ダニの密度とは時間長が相関せず，ダニの除去という衛生機能とは別の社会的な機能によるものと推察された．

(3) 研究例8──活動時間配分の性差・年齢差

スキャンサンプリングの最大の利点は，同時期に複数の個体のデータが大量

に収集できることである．観察者がひとりの場合，個体追跡サンプリングでは同時に 1 個体のデータしか収集できない．同時期に追跡個体を入れ替えることにより複数個体のデータを得ることができたとしても，1 頭当たりのデータ量は当然少なくなる．また，個体間，順位間，性・年齢間で活動時間配分の比較をする際，抽出できた差が真の差なのか，単に観察した日，時間帯，あるいは場所の違いによる差なのか，厳密には吟味するのが難しいのだが，スキャンサンプリングではそうした問題が生じないという利点もある．ここではスキャンサンプリングにより冬季積雪地の野生ニホンザルの性・年齢クラス間の活動時間配分の違いを調べた研究例（Watanuki and Nakayama, 1993）を紹介する．活動時間配分に影響を及ぼしそうな気象要因である気温と積雪量は，調査対象群の中心にある調査小屋で朝 9 時に測定された．

データセット
- [調査地] 下北半島北西部（青森県）
- [対象種と群れ] ホンドニホンザル（*Macaca fuscata fuscata*）M 群
- [観察期間，日数，時間] 1981 年 12 月後半〜1982 年 3 月後半（1 月後半と 2 月前半除く），1982 年 12 月後半〜1983 年 3 月前半（2 月除く），1983 年 12 月前半〜1984 年 4 月前半，1984 年 12 月後半〜1985 年 3 月後半，1985 年 11 月前半〜12 月後半（合計 352 日），11〜12 月は 6〜8 時から 15〜17 時，1〜3 月は 7〜9 時から 16〜18 時まで観察
- [観察法] スキャン（5 分以下の継続—10 分間隔）
- [記録法] 瞬間（5 秒以内）

結果と考察
図 4.8 は，活動時間配分の季節差を示している．性差・年齢差が有意に認められたのは以下の 2 つの行動であった．1〜2 歳（6.9 ± 2.9%），3〜4 歳（11.1 ± 4.3%），オトナ雌（17.4 ± 5.3%）の順で，グルーミング時間割合が低かった．1〜2 歳（18.6 ± 4.9%），3〜4 歳（11.8 ± 2.8%），オトナ雌（8.0 ± 3.1%）の順で，樹上移動時間割合が高かった．オトナ雌の移動の約 3 分の 2 は地上移動が占めた（15.4 ± 7.8%）．

次に，気温，および積雪量と図 4.8 で示された活動時間配分の相関を調べて

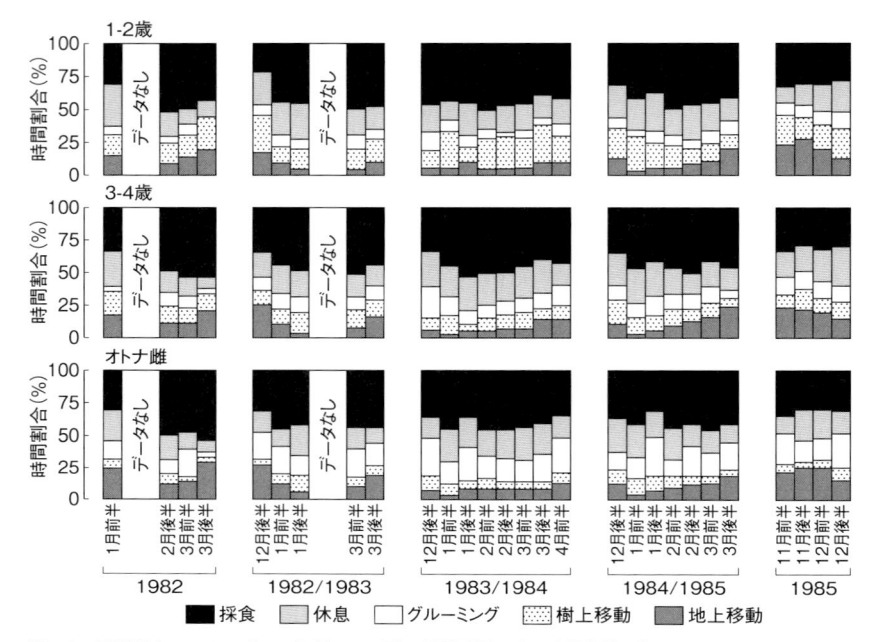

図4.8 下北半島のニホンザルの年齢クラス別の活動時間配分の時期変化．(Watanuki and Nakayama, 1993 の Fig. 3 を改変)

いる．いずれの性・年齢クラス共通して，気温が低い時期ほど，積雪が多い時期ほど，地上移動時間割合が減少した．また，気温が低い時期ほど，休息時間割合が増加した（採食時間割合は増加しない）．他方，気温が低い時期ほど，積雪が多い時期ほど，樹上移動時間割合が増加したのはオトナ雌のみであり，コドモは有意な相関は認められなかった．しかし，積雪が多い時期ほど採食時間割合が増加したのは，コドモのみであった．

以上の結果は次のように考察できる．小型の動物は大型の動物より木に上がるコストが低い．他方，小型の動物は雪をラッセルするコストが高い．つまり，雪中の地上移動に比べた樹上移動のコストはオトナ雌がコドモに比べて高いためだろう．

いずれの性・年齢クラスも気温と休息時間は負の相関を示したこと，「コドモでのみ冬芽・樹皮採食時間割合が高い時期ほど，採食時間割合が高かった」という別の結果から，気温の低下，および低質の食物への依存の増加に対しては採食により摂取エネルギーを増加させるのではなく，エネルギーを節約するの

が，体の大きなオトナ個体ではより容易であると結論づけている．

なお，見えやすい個体や行動にサンプリングが偏りがちであるというスキャンサンプリングの欠点についてある程度吟味できる材料がきちんと論文に載っている．1〜2歳，3〜4歳，オトナ雌の性・年齢クラスごとのスキャンで観察できた延べ個体数は，それぞれ1万2380（33.0%），1万1298（30.0%），1万3890（37.0%）であった．他方，実際の個体数は，それぞれ8〜25頭，11〜20頭，16〜21頭と時期によって増減するため幅をもった表記であるが，性・年齢クラスの最小，最大の合計値に占めるそれぞれの性・年齢クラスの最小値，最大値を%表記すれば，それぞれ12.5〜37.9%，31.4〜29.9%，45.8〜31.9%となり，若干，オトナ雌に比べ1〜2歳が過剰に観察されているようにも見えるが，大きくは偏ってはいないため，少なくとも性・年齢クラス別では見えやすいクラスに偏っていることはなさそうである．

(4) 研究例9──活動の同調

スキャンサンプリング法には，個体追跡サンプリング法ではけっして記録できないデータが含まれている．それは行動の同調である．群れの個体が採食を同調させることは，スクランブル型の採食競争を高める可能性がある．スクランブルとは，たとえば同じ木で採食行動を同調させた場合，その木で採食した個体全頭が飽食するほどには資源がない場合に1頭当たりの食物の取り分が減少するという採食競争を指すのだが，この点を吟味したヤクシマザルの研究（Agetsuma, 1995）を紹介する．

データセット
- [調査地] 屋久島低地林（鹿児島県）
- [対象種と群れ] ヤクシマザル（*Macaca fuscata yakui*）P群
- [観察期間] 1990年2月〜1991年3月（第1期：群れサイズ15〜19頭），1991年9月〜1992年4月（第2期：群れサイズ5〜8頭）
- [観察法] スキャン（5分継続─10分間隔）
- [記録法] 瞬間

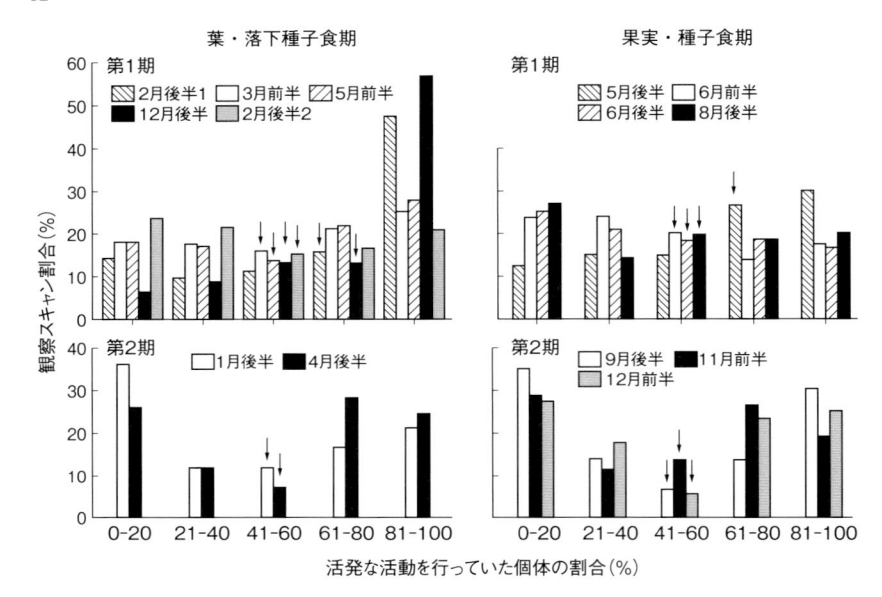

図 4.9 屋久島のニホンザルの群れが「活発な活動」を行っていた個体の割合ごとの観察スキャン数．群れサイズの異なる第1期と第2期，さらにそれぞれ半月ごとの果実・種子食期と葉・落下種子食期に分けて表した．個体がそれぞれランダムに活動を行うとすると，「活発な活動」を行う個体の割合は，矢印で示された値をおよその平均とした正規分布を示す．（Agetsuma, 1995 の Fig. 1 を改変）

結果と考察

採食と移動という「活発な活動」を行っていた個体の割合を 20% ごとに 5 つに分け，それぞれのスキャン数を群れサイズの異なる第 1 期と第 2 期，さらにそれぞれ半月ごとの果実・種子食期と葉・落下種子食期に分けて比べた（図 4.9）．サルがランダムに活動を行うとすると，「活発な活動」を行う個体の割合は，矢印で示された値をおよその平均とした正規分布を示すが，いずれの時期でもそうはならなかった．とくに，第 2 期，つまり群れサイズが小さい時期では，その主要食物にかかわらずその平均値当たりの頻度は低く，0〜20%，61〜80%，81〜100% の頻度が高い，つまり活動の同調性が高い傾向が認められた．裏を返せば，群れサイズが大きいと，活動の同調性を下げることでスクランブル型の採食競争を低減していることが示唆された．

(5) 研究例 10 ── 活動時間配分の順位差

　交尾は，時間長としてはさほど長くないこと，また劣位雄のそれは群れの中心部から離れたところで起こることが多いので，群れ追跡によるスキャンサンプリングでは正しい値が得にくいとの予測が立つ．ここでは，雄の順位による活動時間配分の違いを調べたヤクシマザルの研究 (Matsubara, 2003) を紹介する．なお，ニホンザルの交尾は，射精に至るまでの間に，雄が雌に馬乗りになるマウンティングを何度か繰り返す (図 4.10)．その間に休息やグルーミングを挟むこともあるが，これらを含めて一連のマウンティングをマウンティング・シリーズと呼ぶ．

データセット
- [調査地] 屋久島低地林 (鹿児島県)
- [対象種と群れ] ヤクシマザル (*Macaca fuscata yakui*) H 群
- [観察期間，日数，時間] 1998 年 9 月 30 日〜12 月 6 日 (39 日間，342 時間 49 分)
- [観察法] 個体追跡 (オトナ雄 5 頭，最低 8〜16 時の 8 時間以上)
- [記録法] 連続

図 4.10　屋久島のニホンザルの交尾．(中川尚史撮影)

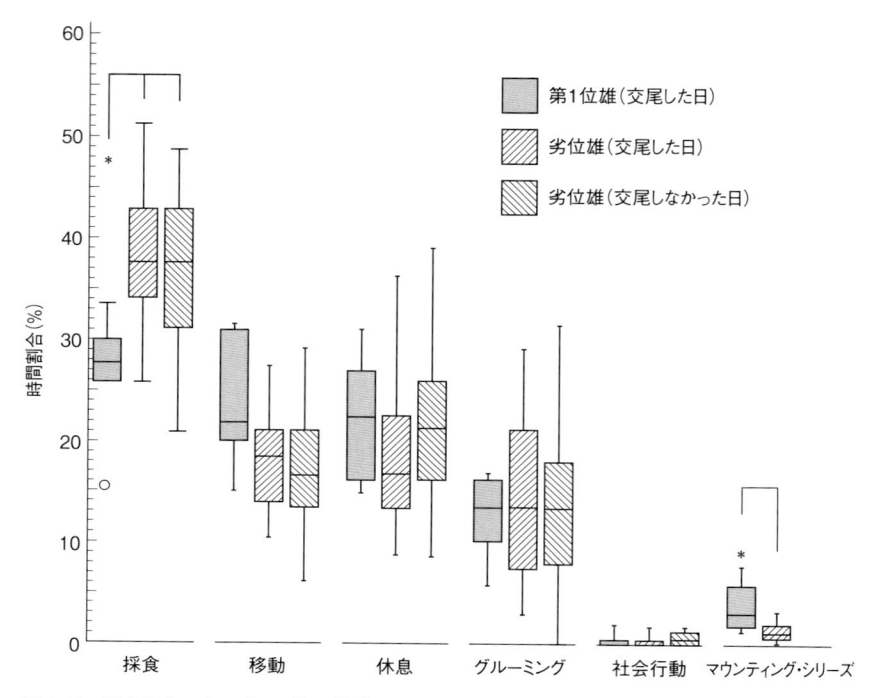

図4.11 屋久島のニホンザルの第1位雄，それ以外の群れ雄の活動時間配分．後者については当該雄の交尾が観察された日と観察されなかった日に分けて表した．*: $p < 0.05$．(Matsubara, 2003のFig. 3を改変)

結果と考察

図4.11は，第1位雄，それ以外の群れ雄の活動時間配分を，後者については当該雄の交尾が観察された日と観察されなかった日に分けて示している．1998年10月2日にH群に移入したばかりの第1位の雄は，追跡したすべての日で交尾が見られたが，マウンティング・シリーズに要する時間割合が平均3%程度とはいえ，他の群れ雄に比べればその交尾の有無にかかわらず有意に高かった．逆に，他の雄に比べて採食時間割合が9%程度低く，有意差はないものの移動時間割合が若干高かった．この移動時間には，発情雌への追随，接近なども含んでいることも考慮すると，第1位雄は，他の群れ雄に比べて，雌との求愛，交尾に時間というコストをかけていることがわかった．

（6）研究例 11 —— 活動時間配分と子の有無

最後に，行動観察の難しいヒグマ（図 4.12）を対象に直接観察によって母親の育児負担を活動時間配分の観点から調べた研究を紹介する（松浦・佐藤，2000）．ヒグマは小さな子供を産み，大きく育てるので，出産より育児の負担が大きい．授乳以外にもさまざまな制約があると考えられる．とくに，行動の制約について注目し，それをコストと考えた．藪が点在する草地にいるヒグマを観察し，性別，連れている子グマの数，採食行動，警戒行動（採食中に耳を動かしながらすばやく顔を水平より高く上げる行動）を記録した．

データセット
- [調査地] 黒岳（北海道）
- [対象種] エゾヒグマ（*Ursus arctosyesoensis yesoensis*）
- [観察期間] 1992〜1996 年，夏から秋
- [観察法] 個体追跡
- [記録法] 連続

図 4.12　知床のヒグマ．（南正人撮影）

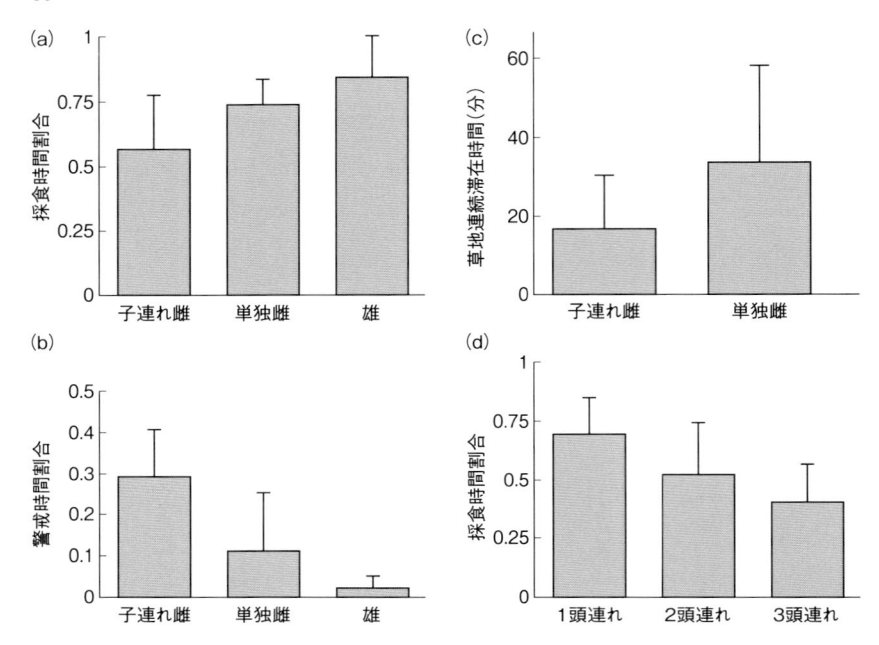

図 4.13 知床のヒグマの子連れ雌，単独雌，および雄の観察時間当たりの採食時間割合 (a) と警戒時間割合 (b)，子連れ雌と単独雌の草地連続滞在時間 (c)，および子の頭数別の採食時間割合 (d)．（松浦・佐藤，2000 の図 1 から図 4 を改変）

結果と考察

　子連れ雌は単独雌や雄に比べ，採食時間は有意に短く，警戒時間は有意に長かった．開けた草地の滞在時間は，子連れ雌が有意に短かった．また，連れていた子の頭数によっても採食時間割合は異なり，2，3 頭連れは 1 頭連れよりも低かった (図 4.13)．

　遠距離からの観察で，観察例数も多くないが，明確な問題設定を行ったことで，母親ヒグマの行動が他のヒグマと異なること，そしてそれが負担になっていることを示唆するような結論が得られた．

4.3　採食

　採食とは，前節冒頭で定義した通り，ある場所で食物を探し，見つけて手にし，ときには殻を割ったり皮をむいたりといった処理をして，口に運び入れる

までの一連の食物摂取行動である．この採食を，誰（どのような性・年齢，あるいは順位など社会的属性の個体）が，いつ，どこで，何を対象に，どのように行い，そしてそれはなぜなのか，といったさまざまな問いが調査の対象となる．

(1) 研究例 12——食物リスト

　採食行動に関して，誰しもまず関心を抱くのは，その対象物，つまり何を食べるかであろう．多くの動物が土を食べたり，塩を舐めたりすることが知られているが，それらを除けば食べる対象は生物であるから，食物を表記する際にも種が基本となる．加えて，部位，ときには成長段階ごとに別の品目と数える．たとえばクリは果実のみならず冬芽（休眠芽），樹皮を利用するので1種3品目と数えるし，ケヤキは果実に加えて，葉も利用するが，その葉も未熟葉と成熟葉を分けて1種3品目として数えることもある．動物では，卵，さなぎ，幼体，成体を別品目として扱うといった具合である．

　日本各地の50あまりの調査地におけるニホンザルの食物リストを収集整理した辻ほか（2011，2012）によれば，ニホンザルの種としての食物には，451種1399品目の木本植物，460種956品目の草本植物，30種35品目のシダ植物，61種の菌類，3種のコケ，11種の海藻，136種の動物が記録されている．動物でもっとも多いのは昆虫で108種，中でもクワガタやカミキリムシなどの鞘翅目29種，トンボ目21種，セミ，アワフキムシ，アオバハゴロモなど半翅目18種，バッタ，コオロギなど直翅目17種であった．昆虫以外の無脊椎動物では，クモ類，サワガニ，カタツムリ類，海生貝類，脊椎動物は稀ながらも，魚，カエル，トカゲ，鳥の卵などが記録されている．辻ほか（2011，2012）には，その膨大な食物リストが，調査地とともに掲載されているので，これから食性調査を開始する人にとっては，たいへん参考になるだろう．

　ここでは一例として，中川（1997）による金華山A群のニホンザルの食物リストの概要を紹介しておく．

データセット
- [調査地] 金華山（宮城県）
- [対象種と群れ] ホンドニホンザル（*Macaca fuscata fuscata*）A群

- [観察期間, 日数, 時間] 1984年11月〜1992年8月のうち20半月期（169日, 1496.4時間）
- [観察法] 個体追跡（オトナ雄とオトナ雌3時間以上）
- [記録法] 連続

結果と考察

　金華山A群のニホンザルを，169日間1496時間23分観察したところ，765時間47分4秒の採食行動が記録された．その間で採食，同定された植物性食物は51種101品目の木本植物，15種23品目の草本植物に及んだ（中川, 1997）．海藻，キノコ類，動物性食物はすべて未同定であるが，海藻としてはノリ，キノコ類としてはナラタケ，クリタケなど，動物性食物としては，バッタ，コオロギ，カマキリの卵，アワフキムシの幼虫，クモ，カサガイなどが含まれる．また土食も記録された．

　こうして作成された食物リストの中には，それ以前に作成・公表されていた大勢の調査者の観察に基づく金華山全群の食物リストに含まれていなかった品目もあったので，それらを含めると金華山のサルの食物は，68種177品目，草本植物31種51品目に達した．さらに，その後も観察時間が増加するに応じて品目数は漸増する傾向にあり，中川（1997）以降，A群のみを対象とした3名の研究者による観察を加えると観察時間は5254時間に達し，それに応じて木本植物は75種171品目に達した（Tsuji et al., in prep.）．増加分にはもちろん中川（1997）の単なる見落としや未同定種の同定も含む一方で，明らかに存在し同定されていたにもかかわらずこれまでサルが利用しなかった品目を新たに利用し始めることも観察されており，完璧な食物リストをつくりあげることは容易なことではないことがわかる．

(2) 研究例13——回数で測定した採食量（ルート踏査）

　何を食べるかがわかったら，次に気になるのはどれだけ食べるのか，であろう．直接観察によって「どれだけ食べるか」は，通常時間，あるいはスキャン数，観察回数といったその代替指標で定量化される．おそらく観察対象が十分には慣れていないという事情があるのだろうが，特定の個体や群れを追跡するという方法ではなく，長さ13.4 kmの一定のルートを踏査するときに採食を観

察したニホンジカの食物を，見た瞬間に一度だけすべて記録するという方法で，どれだけ食べるかを測定した研究（Takahashi and Kaji, 2001）を紹介する．

データセット
- [調査地] 洞爺湖中島（北海道）
- [対象種] エゾシカ（*Cervus nippon yesoensis*）
- [観察期間，日数] 1993〜1995 年月最低 1 回
- [観察法] 行動（ルート踏査）
- [記録法] 瞬間

結果と考察

図 4.14 は，食物カテゴリーと食物を入手した高さごとの採食割合の季節差を示したものである．もっとも目を引くのが，5 cm 未満の高さで落葉広葉樹の葉を採食する，つまり落ち葉の採食が年間通じて 30〜50% の割合で見られることである．そして春から秋にかけては短茎の草本を採食するが，冬にそれらが

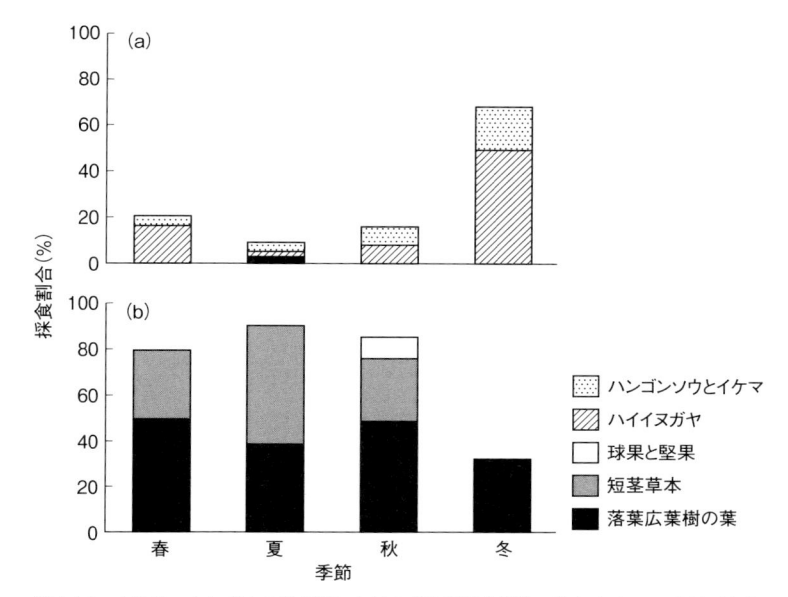

図 4.14 中島のニホンジカの各季節における食物別採食割合．地上より 5 cm 以上 (a) と 5 cm 未満 (b) の食物を分けて示した．（Takahashi and Kaji, 2001 の Fig. 1 を改変）

利用できなくなるとハイイヌガヤに加えハンゴンソウやイケマの採食量が急増していることがわかる．ここで重要になってくるのが，この研究の背景である．洞爺湖中島のニホンジカ個体群は，1965年に3頭のシカを導入後急増したが，食物不足に陥り1983〜1984年に急減し，本研究時点ではその後の回復期にあった．これほど落ち葉に依存するシカはこの時点では知られておらず，ハイイヌガヤ，ハンゴンソウ，イケマも，以前はシカが目もくれなかった植物であり，こうした新たな食物の下支えがあって個体群が回復していることが明らかになった．

(3) 研究例14——回数で測定した採食量（ランダム踏査）

非常に観察が難しい小型哺乳類でも，ニホンリス（Kato, 1985）やムササビで直接観察による採食メニューの研究が行われている．ここでは，ムササビについて，調査地内をランダムに歩いてムササビを探し，発見した場合に個体識別を行い，止まっている樹種，食物品目，採食時間と場所，採食行動を記録した研究を紹介する（Kawamichi, 1997a）．ここでもその採食時間や採食量にかかわらず，1食物品目は1回の採食行動としてカウントして集計した．

データセット

- [調査地] 奈良公園（奈良県）
- [対象種] ムササビ（*Petaurista leucogenys*）37〜117個体
- [観察期間, 日数] 1978, 1979, 1983〜1990年（1115夜）
- [観察法] 行動（ランダム踏査）
- [記録法] 連続

結果と考察

合計3559回の採食行動が観察された．45種の樹木で128品目を採食の対象としていた．これらのうち，2%以上の割合で採食されたのは15種だけであった．シイ・カシなどのブナ科（26.8%），アカマツとクロマツ（23.2%），ソメイヨシノ（10.9%），イヌシデ（8.6%）などであった．冬から春までは，マツ類の花の雄蕊やコナラ，ソメイヨシノ，イロハモミジの芽などを食べ，シラカシなどの若葉やソメイヨシノの果実が出てくるとそれを食べ，夏からマツ類の球果

を食べて，秋にはシイ・カシの堅果やナンキンハゼをはじめとしたさまざまな種子を食べていた．

　この地域のムササビは早春（2月から4月中旬）と真夏（7月下旬から8月下旬）に交尾期がある．春に生まれたアカンボウは4月下旬，夏に生まれたアカンボウは10月中旬から，自分で採食を始める．この時期は，それぞれ芽吹きの時期と堅果が実る時期に一致する．しかし，雌が胎児を成長させたり，小さなアカンボウに授乳をしている時期は，食物のアベイラビリティーが低い時期に当たるので，母親にとっては負担が大きい．この論文は，ムササビが季節に応じてどのように食物を得ていくのかという生態学的な視点だけでなく，多産的なげっ歯類が空中生活へと進出する進化プロセスを検討する考察を行っている．採食メニューを明らかにすることの重要性と奥の深さを感じさせる．

(4) 研究例 15──時間で測定した採食量

　次は，至近距離からの直接観察が可能なニホンザルを対象に通常用いられる個体追跡によって，ニホンジカがどれだけ食べるかを測定した研究を紹介する（Agetsuma *et al.*, 2011）．

データセット
- [調査地] 屋久島低地林（鹿児島県）
- [対象種] ヤクシカ（*Cervus nippon yakushimae*）
- [観察期間] 2002年4月～2006年6月
- [観察法] 個体追跡（オトナ雄5頭，オトナ雌6頭，コドモ4頭）
- [記録法] 瞬間（2分間隔）

結果と考察
　図4.15は，食物カテゴリーごとの採食時間割合を季節ごとに示した表を年間の平均割合に換算し直してつくった図である．屋久島低地林の暖温帯常緑広葉樹林に生息するヤクシカにおいても，冷温帯の中島のシカ同様，木本植物の落葉が54%と非常に高い値を示した．落下果実（種子）18%，落枝1%など含めるとリターと呼ばれる林床の地表面に堆積した生物の死骸が75%を占めており，他方，木本の葉が11%を含め生きた植物は19%にすぎなかった．しかし，

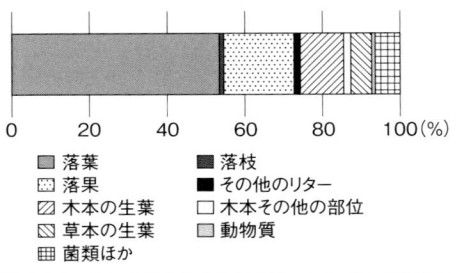

図4.15 屋久島低地林に生息するニホンジカの周年の食物構成.（Agetsuma et al., 2011 の Table 1 より作成）

凡例：落葉／落枝／落果／その他のリター／木本の生葉／木本その他の部位／草本の生葉／動物質／菌類ほか

屋久島においてもシカの高密度化が進行しているものの，先の中島のシカとは異なりリター食は食物不足が原因ではないと著者は考えている．むしろ屋久島低地林のシカはリター食をするおかげで，結果として高密度でも食物不足に陥らずにやっていけていると考えている．その根拠として，林床の稚樹がシカの被食によりダメージを受けた形跡がさほど見られないことを挙げている．

（5）研究例16——重量で測定した採食量

採食時間で採食量を定量化するのが通常だと書いたが，クリの実を10分間採食したといわれても，「どれだけ」採食したのかイメージできるだろうか．せめて1個とか2個とかいってもらわないとイメージできない．時間を個数に変換するには，単位時間当たりにいくつ食べるか，つまり採食速度のデータが必要になる．もちろん，総個数を数えることができればそれに越したことはないが，野外観察ではそこまでは不可能なので，個数まで観察可能な採食場面に限って数えることにする．ひとつの場所での採食時間が経過するにつれ，残存する食物の量が減ったり，あるいは飽食するために，採食速度が低下する可能性もあるので，経過時間の偏りがなく，時刻とともに記録するのが望ましい．クリの実なら1個の大きさがイメージできるが，ではケヤキの若葉1枚ではどうだろう．こうした品目では重量で表さないとイメージが抱きにくいことはもちろん，1個1枚の重さ（単位重量）が異なる品目を比較し，それぞれの採食割合を知りたい場合には，やはり重量で定量化したいところである．そのためには，果実1個，葉1枚の重量を測定する必要がある．さらに個体の栄養状態にまで言及するためには，各品目のカロリーや各種栄養素の含有量を分析する必要が

出てくる．

ここでは，いつ食べるかという問題も含め，各季節短期間ではあるが，金華山のニホンザルのカロリー，およびタンパク質摂取量まで調べ上げた研究 (Nakagawa, 1989, 1997) を紹介する．

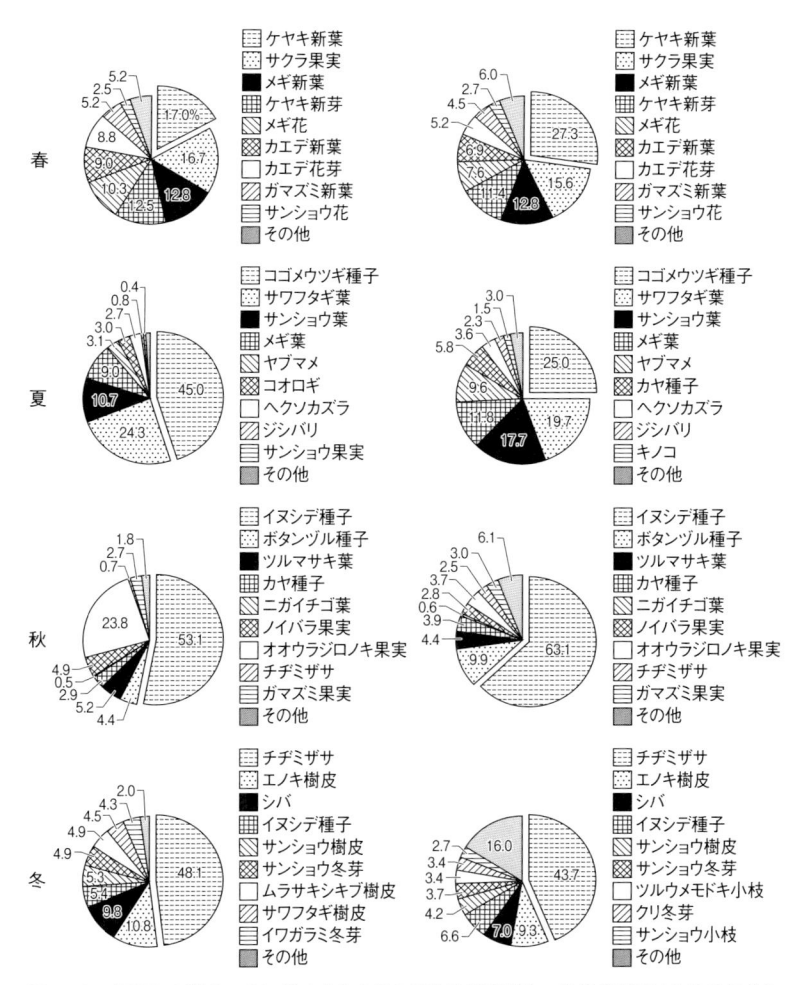

図 4.16 金華山 A 群のニホンザルオトナ雌の食物品目別割合．総採食時間に占める各食物品目の採食時間割合（右）と摂取した食物の総乾燥重量に占める各食物品目の乾燥重量割合（左）．(中川, 1994『サルの食卓』図 3-2 を改変)

データセット

- [調査地] 金華山（宮城県）
- [対象種と群れ] ホンドニホンザル（*Macaca fuscata fuscata*）A 群
- [観察期間，日数，時間] 1987 年 11 月（5 日），1988 年 2 月（5 日），1991 年 8 月 18 日，1992 年 5 月（5 日）（16 日，201.8 時間）
- [観察法] 個体追跡（オトナ雌 1 頭）
- [記録法] 連続

結果と考察

　図 4.16 は，各食物品目の採食割合を，採食時間割合（右）と乾燥重量割合（左）で季節差を示したものである．詳細は図を見ていただくことにして，ざっと見て気づくのは左右の図が一致しないことである．とくに目を惹くのが，秋に利用されるオオウラジロノキの果実である．採食時間割合では 3.7% にすぎないのに，乾燥重量割合では 23.8% に達する．この果実のように単位時間当たりに採食できる重量（乾重摂取速度）が大きい品目は，時間割合で見ると過小評価されてしまうことになる．逆に，同じ季節に利用されるイヌシデの堅果は乾重摂取速度が相対的に低いため，採食時間割合では 63.1% をも占めるのに，乾燥重量では 53.1% となり，こちらは時間割合で見ると過大評価になる．こうした乾重摂取速度の違いは，オオウラジロノキの果実がイヌシデの堅果に比べ，格段

図 4.17　イヌシデの堅果（左）とオオウラジロノキの果実（右）．イヌシデの堅果をのせているのは一眼レフカメラのキャップで，その大きさはほぼ直径 5 cm．（中川尚史撮影）

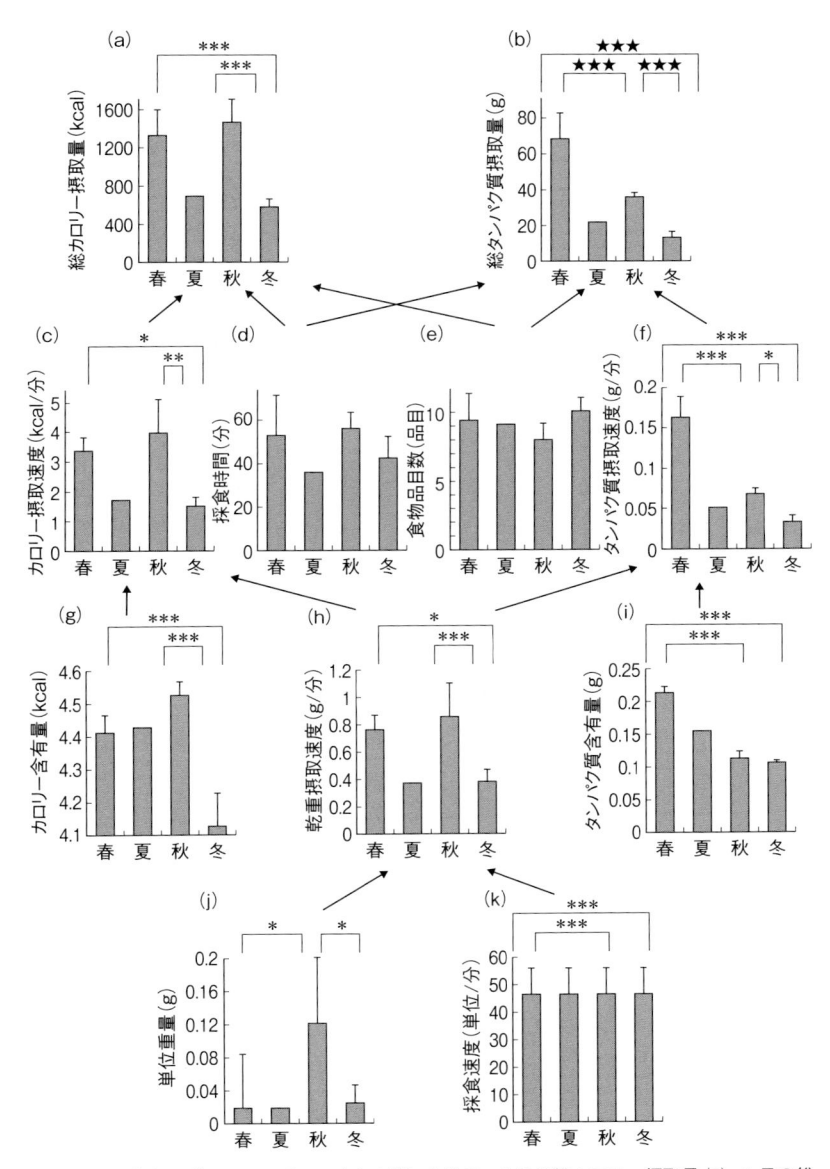

図4.18 金華山A群のニホンザルのオトナ雌における，1日の総カロリー摂取量(a)，1日の総タンパク質摂取量(b)，およびその日に採食された食物についてその性質に関わるさまざまな変数((c)〜(k))の平均値の季節変異．垂直線は母標準偏差の推定値を表す．図中の矢印の根元に位置するグラフのY軸の変数は，矢印の先に位置するグラフのY軸の変数を潜在的に決定する．実線で結ばれた季節間には，統計的に有意な差がある．ただし，夏は統計的検定は行えないためこの限りではない．*: $p < 0.05$; **: $p < 0.01$; ***: $p < 0.001$．（中川，1999『食べる速さの生態学』図6.2を改変）

に大きく，ひと口で大量に摂取でき，かつ果実採食ではとりあえず頬袋にかき込むため，咀嚼が採食速度の制限要因とはならないことが効いている（図4.17）．

図4.18は，それぞれの季節の総カロリー摂取量（a）と総タンパク質摂取量（b）を示している．一見してわかる通り，春と秋は，夏や冬に比べるとカロリー摂取量が格段に高い．夏は1日のみのデータに基づいているので統計的な検定はできないが，春と冬，秋と冬の間には統計的にも有意な差が見られた．他方，タンパク質については，春が格段に好条件で，それに次ぐ秋と比べても有意差が見られた．そして夏が続き，とくに冬が秋と比べても有意に条件が悪いことが明らかとなった．

さらに変数選択重回帰分析を用いて解析した結果，総カロリー摂取量と総タンパク質摂取量の季節差をもたらす要因としては，各季節に利用される食物品目ごとの採食時間（d）はさほど重要ではなく，カロリー摂取量については品目の乾重摂取速度（h）が，タンパク質摂取量については品目のタンパク質含有量（i）がもっとも影響を及ぼすことがわかった．さらに，乾重摂取速度に影響を及ぼす採食速度（k）と単位重量（j）のうちでは，カロリーにせよタンパク質にせよ摂取量に影響が強いのは後者であることがわかった．

(6) 研究例17——食物のアベイラビリティーと採食時間の季節差

何をどれだけ食べるかわかったら，それはなぜかが知りたくなる．先に示したような利用する食物の季節差は，なぜ起こるのだろうか．食物はなければ利用できないのは当然としても，たくさんあるからたくさん食べるのだろうか．あればあるだけたくさん利用する食物もあれば，そうではない食物もあるだろう．前者のような食物はその動物にとって嗜好性が高い食物だと考えられるし，嗜好性の高い食物が少ない季節にのみ利用が増え，その利用頻度はその食物がたくさんあるか否かにはよらない救荒食と呼ぶべき食物もある．こうした疑問に答えるためには，食物がどれほど利用可能なのか，そのアベイラビリティーを調べる必要がある．アベイラビリティーの変化は，通常，動物の行動圏内の植生を代表するような地点にサンプル区画をいくつか設けて，その中の対象動物の食物種の木について，熟した果実，花，新葉がどの程度ついているかを何段階かに分けて記録したり，落果や落花の数を数えて記録することを定期的に繰り返して求められる．ここでは，50 m四方の方形区内で落果と落花のアベイ

ラビリティーの変化を測定した屋久島上部域（標高 1000〜1200 m）の針葉樹林帯に行動圏を構えるヤクシマザルの研究（Hanya, 2004）を紹介する．

データセット
- [調査地] 屋久島上部域（鹿児島県）
- [対象種と群れ] ヤクシマザル（*Macaca fuscata yakui*）HR 群
- [観察期間，時間] 2000 年 4 月〜2001 年 3 月（510 時間）
- [観察法] 個体追跡（オトナ雄とオトナ雌）
- [記録法] 連続

結果と考察

図 4.19 は，落下果実（種子），および落花のアベイラビリティーの月変化を表している．落下果実（種子）は晩春から秋に向けて増え，10〜11 月で最大になった後，1〜4 月はほぼゼロであった．他方，落花は 3 月を最大として 6 月まで高く，それ以降は 9〜11 月の秋に小さい山があるが，あとは皆無に等しい．図 4.20 は，食物カテゴリー別の採食時間割合の月変化を表している．果実と種子それぞれの採食時間割合は，10〜11 月が高く，その月変化について落下果実（種子）のアベイラビリティーの月変化と有意な正の相関が認められた．また，花の採食時間割合の月変化もそのアベイラビリティーの月変化と有意ではないものの高い相関を示した．つまり，果実や種子はたくさんあればあるほどよく利用しており，嗜好性の高い食物であるといえ，花も果実や種子には劣るが次

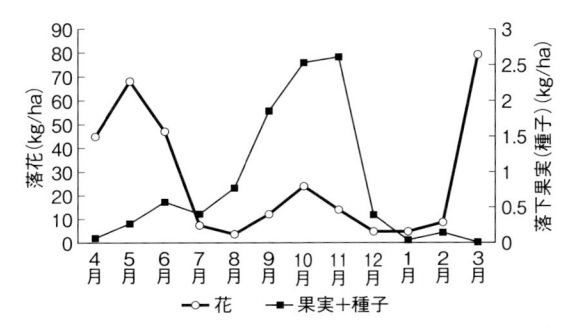

図4.19　屋久島上部域における落下果実＋種子（■）と落花（○）の重量の月変化．（Hanya, 2004 の Fig. 2 を改変）

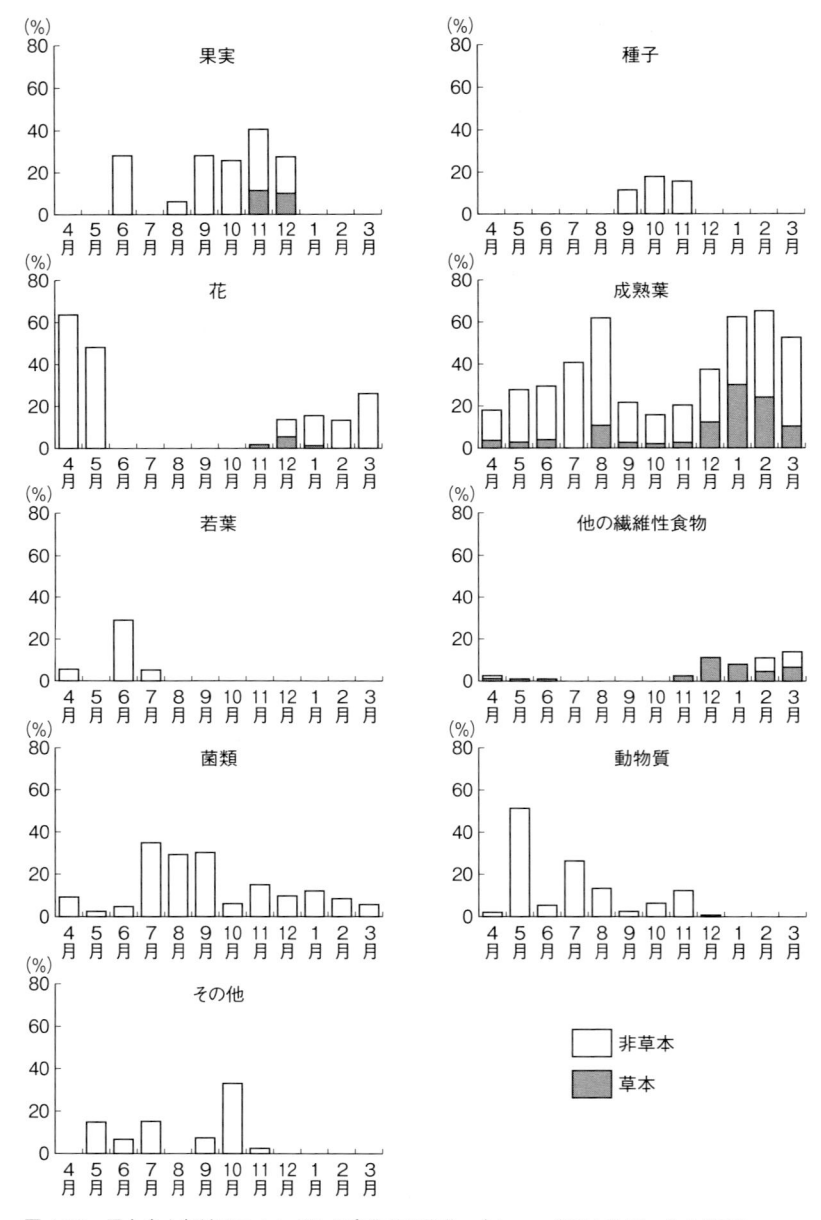

図 4.20 屋久島上部域のニホンザルの食物の月変化.（Hanya, 2004 の Fig. 2 を改変）

に好ましい食物であるといえる．他方，成熟葉のアベイラビリティーは未測定ではあるもののおそらく年中一定の割合であると考えられるにもかかわらず，その採食時間割合は大きな変動を示した．その月変化について落下果実（種子）のアベイラビリティーの月変化との相関を調べてみると，有意ではなかったものの高い負の相関を示した．つまり，成熟葉は，サルが好む果実や種子が少ない季節にその不足を補うように採食されており，まさに救荒食であるといえる．

(7) 研究例 18——食物の化学成分と食物選択

採食割合の高低を決めるのはアベイラビリティーだけではない．その化学的性質，つまり栄養含有量，あるいは消化阻害物質や毒の含有量や，堅さや大きさなど物理的性質が関係すると考えられる．先の研究で屋久島上部域のサルにとって成熟葉は嗜好性の低い食物カテゴリーと位置づけられたが，じつは成熟葉の中でも採食時間割合の高い種，低い種，まったく利用しない種とさまざまである．同じことは屋久島低地林（標高 0〜200 m）のサルにとっても当てはまるのだが，ここでは採食時間割合の高い主要食物といえる成熟葉とそれ以外の成熟葉で何が違うのか調べた研究を紹介する（Hanya *et al*., 2007）．なお，成熟葉のアベイラビリティーは，50 m 四方の方形区内の木本植物種について，密度（単位面積当たりの木の本数）と総材積で代用した．材積とは，胸の高さ（地上から 1.2 m）の幹の断面積に樹高を掛けて種ごとに合計した値であり，木がつける果実や葉の量と高い相関を示すとされている．栄養成分を表す変数としては，粗タンパク質，粗灰分（ミネラル），粗脂肪それぞれの含有量，消化阻害物質としては中性洗剤繊維（NDF），縮合性タンニン，可溶性タンニンそれぞれの含有量を候補とした．

データセット 1
- [調査地] 屋久島上部域（鹿児島県）
- [対象種と群れ] ヤクシマザル（*Macaca fuscata yakui*）HR 群
- [観察期間，時間] 2000 年 4 月〜2001 年 3 月（510 時間）
- [観察法] 個体追跡（オトナ雄とオトナ雌）
- [記録法] 連続

データセット2
- [調査地] 屋久島低地林（鹿児島県）
- [対象種と群れ] ヤクシマザル（*Macaca fuscata yakui*）NA群
- [観察期間，時間] 2003年10月〜2004年8月（934時間）
- [観察法] 個体追跡（オトナ雌）
- [記録法] 連続

結果と考察

　上部域のニホンザルについて主要食物であるかそれ以外かを従属変数とし，前述の化学成分変数とアベイラビリティー変数を独立変数としたロジスティック回帰分析を行った．統計的に有意な結果が得られたのは，粗灰分と縮合性タンニンで，前者は含有量が高いほど，後者は含有量が低いほど主要食物であった．他方，低地林のサルについては，粗灰分に加えて粗タンパク質含有量についても高いほど主要食物であるという結果が得られた．しかし，縮合性タンニンについては有意差が得られず，これは低地林のサルは上部域ほど常緑樹の採食時間割合が高くない（上部域38.2％に対し低地林5.04％）ため，消化阻害作用がさほど強く働かないためと考えられた．

　前の分析では影響を及ぼさなかったアベイラビリティー変数であったが，主要食物である成熟葉の採食時間割合の違いを説明する要因としては，いずれの地域でも密度が唯一有意な正の影響を及ぼすことがわかった．つまり，たくさんある種の成熟葉ほどたくさん利用することを示している．これは，採食樹と採食樹の間の移動コストの削減につながると考えられた．

(8) 研究例19 ── 食物パッチ選択

　では最後に，誰が，どこで採食するのかに関わる研究をひとつ紹介しよう．ここでいう「どこで」は，どの食物パッチでという意味である．多くの植物性食物は，植物個体のそばの一定の範囲内に集中して分布していて，そこから離れたところにはないため，その集中している場所を食物パッチと呼ぶ．先に挙げた数ある食物の中からどの食物を選ぶかは食物選択の問題というが，ここでは数ある食物パッチの中からどのパッチを選ぶかを扱うので，食物パッチ選択の問題という．しかし，この問題は，パッチの食物が異なったり，パッチまで

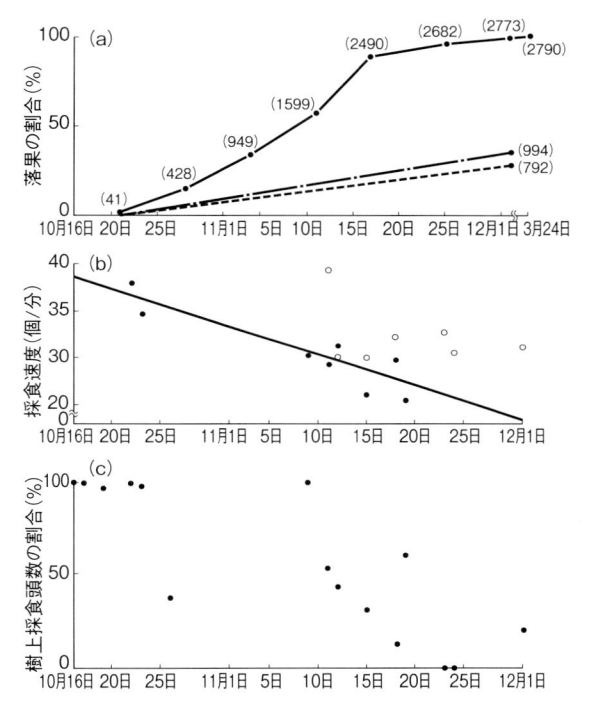

図 4.21 (a) 落果割合の時期変化．3月24日までに (100×80) cm² の種子トラップに落ちた堅果の総数を総落果数とし，そのうちそれまでの各時期までに落ちた堅果数の割合が実線で示されている．破線はヒメネズミにより採食された落果の割合の，2点鎖線は同所的に生息しているヒメネズミ，およびサルにより採食された落果の割合の推定値を示す．( ) 内の数字は，落果の実数である．(b) 樹上 (●) および地上 (○) における堅果の採食速度の時期変化．樹上採食速度と経過日数の間には，有意な負の相関が見られ，$Y = -0.33X + 38.67$ という回帰直線が引けた．(c) 延べ採食頭数に占める延べ樹上採食頭数の割合の時期変化．(Nakagawa, 1990 の Fig. 3, 4, 5 を改変)

の移動コストに関わる距離が異なったり，そもそもそのパッチを知っているのか否かという問題もあり，意外と難しい．ここでは，ニホンザルの群れが繰り返し訪れる1本のケヤキの木の樹上と地上という異なるパッチの利用の違いを調べることで，これらの問題点をクリアした研究を紹介する (Nakagawa, 1990)．この研究では，樹下に種子トラップを仕掛けてその中の果実数を時期を変えて繰り返し数え，落下果実数を合計した数の果実がもともと樹上にあったと見な

して，各時期までの落下果実数との差し引きで，時期ごとの樹上と樹下の果実数，いわばそれぞれのアベイラビリティーを推定した．行動については個体追跡サンプリングを用い，他の個体が樹上と地上のどちらを利用しているのかについてはスキャンサンプリングを用いた．

データセット
- [調査地] 金華山 (宮城県)
- [対象種と群れ] ホンドニホンザル (*Macaca fuscata fuscata*) A 群
- [観察期間，日数，時間] 1985 年 10 月 16 日～12 月 1 日 (36 日，346 時間)
- [観察法] 個体追跡 (オトナ雌)，スキャン (5 分間隔)
- [記録法] 連続 (個体追跡)，瞬間 (スキャン)

結果と考察
図 4.21 は，ケヤキの落果割合 (a)，樹上と地上での採食速度 (b)，樹上採食頭数の割合 (c) の時期変化を示している．10 月中旬は，まだ落果がほとんどなく樹上でのサルの採食速度が非常に高く，ほとんどすべての個体が樹上で採食した．しかし，落果量が増えるにつれ，樹上での採食速度は低下した．そして堅果の約半分が落下した 11 月上旬に，樹上での採食速度が地上でのそれと等しくなり，このとき延べ樹上採食頭数と延べ地上採食頭数の比がほぼ 1 対 1 となった．さらに落果量が増え，樹上での採食速度はさらに低下していくに従い，徐々に樹上で採食する頭数の割合が減少していった．そしてほとんどすべての堅果が落下したころには，すべての個体が地上で採食するようになった．これらの結果から，基本的に彼らは樹上と地上のうち基本的にはたくさんの堅果があり，採食速度の高い場所を選んで採食していることがわかった．しかし，基本的にといったのは，順位差が見られたからである．本来なら樹上より地上のほうが質が高くなった時期にすべての個体が地上で採食すべきであるが，徐々に地上で採食する割合が増えたのは，地上が混み合うに従い，1 頭当たりの攻撃的交渉が有意に増え，主に低順位個体が質の低い樹上で採食し続けたのである．

5 社会

5.1 地域個体群構成

　地域個体群は，さまざまな齢の個体で構成されている．それは，生まれて死ぬまでの1頭1頭の個体の歴史の集積であり，その個体群のそれぞれの年齢に対しての自然選択のかかり方が反映している．また，その齢構成は，社会関係や社会構造，個体の繁殖戦略にも影響を与える．その意味で，個体群の齢構成や生まれてから死ぬまでの年齢ごとの死亡率が反映された生命表を明らかにすることは重要である．しかし，このような研究は，個体群内の一定の数の個体の年齢推定を行わなくてはできない．正確な年齢は，多くの場合，捕獲して調べることが必要なので，死体などから推定することが多い．しかし，長期にわたる同一個体群の識別個体の追跡からも，年齢を明らかにできる．寿命が短い小動物では，比較的短い（といっても数年ではできない）追跡で明らかにすることができるが，寿命の長い動物では大変な作業になる．

　このような研究は，長年の行動観察の結果得られる重要な研究なので紹介するが，厳密には行動データに基づくものではないため，データセットでの観察法や記録法は省く．

(1) 研究例20——個体群構成と生命表

　ここでは，ニホンジカの調査例を紹介する（南，2008；Minami *et al*., 2009c）が，日本各地のニホンザルの調査地や本書で紹介する長期研究が続けられているいくつかの動物種でも行われていることである．毎年，識別された個体を出産期（初夏），交尾期（秋），冬季に確認する作業を続けて，「出欠表」をつけていく．消失した個体については，その個体の行動圏を重点的に探すこともある．また，新たに生まれた個体を識別する．このようにして得られた「出欠表」を集積することで，個体群全個体の年齢や性別が得られると，個体群の構成を描

くことができ，さらにそこから性ごとに加齢に沿った生存個体数の減少，齢別の死亡率を記載した生命表が得られる．また，このような調査と個体の社会的な地位などの行動観察を組み合わせることで，個体群の中の社会的な地位と性別や年齢の関係が見えてくる．このような方法で，換毛のタイミングの年齢差や，睾丸の発達と性成熟（ムササビ：Kawamichi, 1997b, 1998）などの加齢による形態の変化なども見えてくる．

データセット
- [調査地] 金華山（宮城県）
- [対象種] ホンシュウジカ（*Cervus nippon centralis*）
- [観察期間] 1990～2005 年

結果と考察

1990 年の調査開始時点では，0 歳と 1 歳以外は年齢がわからなかったが，調査を続けていくと，年齢既知個体が増えていく．さらに，それぞれのコホート（同一年齢集団）ごとの齢別死亡率が集積されてくる．その結果，生命表が描けるようになる．図 5.1 は各年齢において生まれてからそれまでの齢別死亡率の累積値を 1 から差し引いた値，つまりそれぞれの満年齢の誕生日までに生存した個体の割合の変化（生存曲線）を表している．この個体群では，生後 1 年の間に死亡が多いが，その後は雌では 8 歳くらいまではほとんど死なない．しかし，9 歳ごろから死亡率が高くなり 15 歳程度ですべての個体が死亡した．雄は，生後 1 年の間に雌よりも高い死亡率を示し，その後はほとんど死なないが，6 歳を過ぎるころから死亡率が高くなる．雄は雌よりも早い年齢で死亡し始めるが，これは雌をめぐる激しい雄間競争が関係していると考えられる．それを生き抜く雄たちは多くが縄張り雄になっている．逆に，縄張り雄になれるだけの体力のある雄だけが長く生きることができるというべきかもしれない（図 5.2）．一方，雌は 9 歳ころから繁殖コストをカバーするだけの体力がなくなって，死亡個体が増加し始めるのではないだろうか．

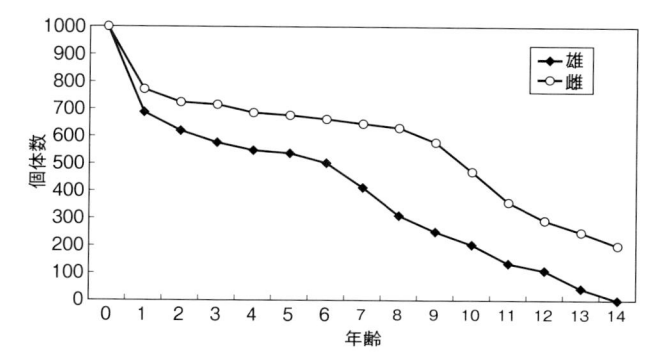

図 5.1　金華山におけるニホンジカの生存曲線．1990 年から 2003 年に生まれた個体の齢別死亡率をもとに，生存曲線を描いた．雌は 14 歳で生存個体がいたために，個体数がゼロにならない．（南，2008 の図 4.1 を改変）

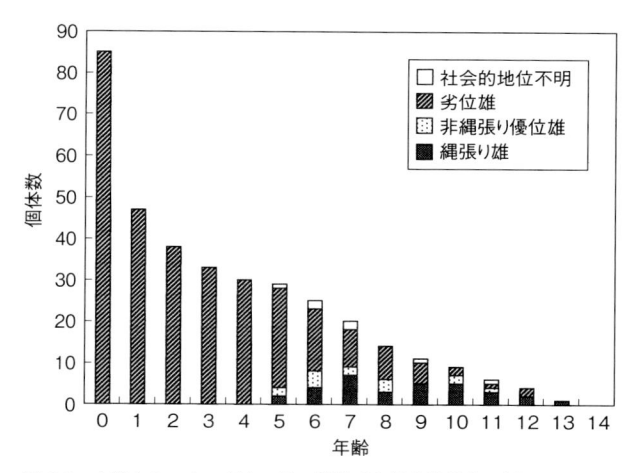

図 5.2　金華山のニホンジカの雄の齢構成と社会的地位．（南，2008 の図 4.2 を改変）

5.2　群れサイズ，構成，移出入，空間配置

　動物には単独生活を営むものもいれば，群れ生活を営むものもいる．単独とはいっても哺乳類では母乳がなければアカンボウは育たないので，少なくとも一定期間は母子は一緒にいる．また，交尾しなければ子供ができないので，少なくともその間は雌雄が一緒にいることになる．他方，群れをつくる動物であっ

ても，群れをつくるのは雌だけであったり，両性を含む群れでもすべての個体が群れをつくるとは限らない．群れをつくる動物の場合，成熟した子供が親と同じ群れに一生とどまることはなく，少なくとも雌雄いずれかの性は群れから移出していく．他方，新たな個体が群れに移入するということも起こりうる．単独生活の場合には，成熟すれば雌雄とも母親のもとを離れるからこそ単独生活者と呼ばれるのだが，生まれた場所の近くにとどまるのは，多くの哺乳類は雌だが例外もある．この節では，単独か群れを形成するか否か，群れを形成するならどのような構成か，群れ，土地への移出入といった動物の社会組織を調べた研究を紹介する．

前節同様に，これらのデータの多くは「出欠表」を用いて得られたものであり，行動データそのものではないので，観察法や記録法を明記していない．ただし，研究例24については，行動データも含むので，観察法，記録法を示した．

(1) 研究例21——雄の群れへの移出入と順位

ニホンザルの群れは，複数のオトナ雄と複数のオトナ雌，およびその子供から構成される．雌は生まれた群れ（出自群）で一生過ごすのに対し，雄は基本的には性成熟以前に出自群から移出する（母系社会）．その後，雄グループや単独雄として暮らし，やがて交尾期を中心に他の群れに接近し，移入を果たす．そしてこうしたプロセスを一生の間に何度か繰り返すと考えられている．ここでは，16年間に4群中少なくとも1群に滞在したことのある非出自雄（その群れで生まれた雄ではない雄）45頭の雄の移出入，および順位の変遷の記録をまとめた研究（Suzuki *et al*., 1998）を紹介する．なお，群れの滞在期間が1年未満の場合は，移入と見なさず分析には含めていない．

データセット
- [調査地] 屋久島低地林（鹿児島県）
- [対象種と群れ] ヤクシマザル（*Macaca fuscata yakui*）
- [観察期間] 1976〜1992年

結果と考察
図5.3はある群れの6年間の雄の移出入，死亡，および順位の変遷を図示し

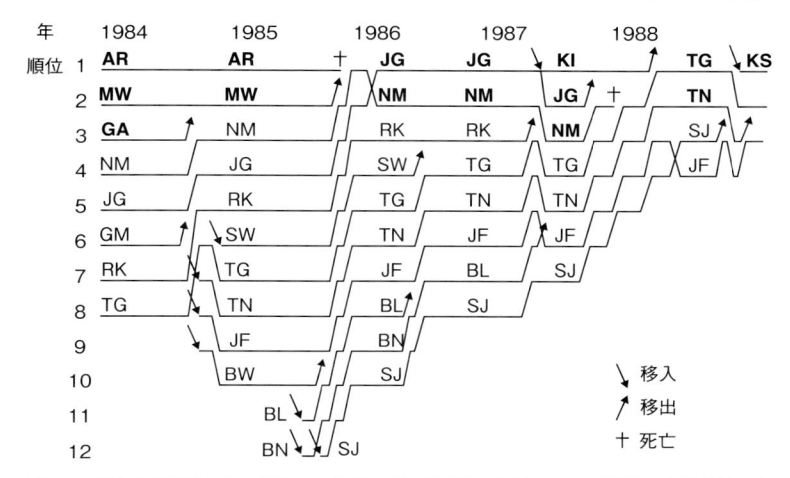

図5.3 屋久島低地林のある群れの6年間の雄の移出入，死亡，および順位の変遷事例．大文字は群れ雄（太字：オトナ，細字：ワカモノ）．各線は連続した雄の滞在．矢印は雄の移出入をそれぞれ示す．上から高順位順に並んでいる．（Suzuki et al., 1998 の Fig. 1 を改変）

たものである．このような図を他の3群についても作成し，順位上昇と順位下降の原因別，そして雄の年齢クラス別にその事例数を整理している．年齢クラスは2つに分け，オトナ雄は推定年齢10歳以上，ワカモノ雄は4～9歳を指す．順位逆転によって順位が上昇した事例はたった4例，いずれも隣接順位個体間の逆転で順位上昇全事例数84例の5%にすぎず，それ以外はより高順位個体の移出，あるいは死亡が原因であった．他方，順位下降の事例数は31例のうち，前述の順位逆転4例，不明2例を除く25例（81%）は，9頭の新しい雄の移入に伴うものであり，そのすべてがオトナ雄による第1位雄としての移入である．さらに重要なのは，ほとんどの移出が原因で起こる順位上昇に比べて順位下降の例数が少ないことで，移入が起こるときは最下位への移入が普通であることを指している．

(2) 研究例22――単独生活者の配偶関係

カモシカの縄張りについて，第4章研究例2で述べたが，そこですでに彼らの社会組織が見えている．

データセット
- [調査地] 下北半島南西部（青森県）
- [対象種] ニホンカモシカ（*Capricornis crispus*）
- [観察期間，日数] 1980年1〜12月，1991年6月〜1992年5月，1994年6月〜1995年5月，1998年6月〜1999年5月（年平均17日）

結果と考察

単独生活で同性間では排他的な縄張りをもつのと対照的に，異性間では行動圏が大きく重複していた．多くは1頭の雄は1頭の雌のみと行動圏を重複させていたが，中には2頭，稀に3頭の雌と重複させている雄もいた．行動圏は重複していても雌雄が一緒の群れをつくるのは9〜11月の交尾期のみである．交尾期における延べ観察例数では，単雄単雌（ペア）型の群れが71.3%，1雄2雌が25.0%，1雄3雌が3.8%であった．同じ雌雄の組み合わせの配偶関係は，単雄単雌で平均3.3年，単雄複雌で平均2.6年継続し，一時的に複雌になった期間も合わせると15年間配偶関係を維持したペアもいた．

図5.4は，調査地内の縄張り形成個体の経年変化を，個体の出生，死亡，移出入などの情報とともに示している．個体の定着性は高く，縄張りの平均保持

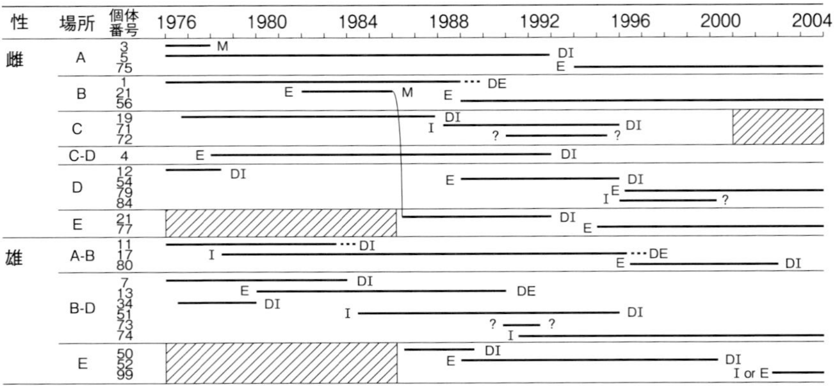

図5.4 青森県下北半島におけるニホンカモシカの個体別の縄張り保持の経年変化．太線が縄張り保持期間を，破線が縄張りを失った後の期間を示す．M：縄張りの移動，DI：個体の消失，DE：死亡，E：調査域内で生まれ育った個体による縄張りの確立，I：調査域外からの移入．場所（A〜E）は雌の縄張りの位置をもとに調査域内での場所を示す．斜線部は調査を実施していない時期．（落合，2008の図6.3を改変）

期間は，雄 12.4 年，雌 11.7 年と，当然ながら配偶関係の維持期間よりもかなり長い．他方，雌雄とも調査地内で生まれた個体がそのまま縄張りを構える例もある一方で，調査地外から移入して縄張りを構える例があった．そしてこうした誕生，移入をきっかけに配偶関係の変化が起こる．

(3) 研究例 23 —— グループ構成

イノシシ（図 5.5）の社会組織はどのようなものだろうか．互いに 150 m 離れた 2 箇所の餌付け場所に訪れる野生のイノシシを耳の傷などの特徴で個体識別したうえ，10〜16 時に直接観察によって 7 年間にわたりグループ構成を調査した研究（Nakatani and Ono, 1994）を紹介する．構成は 11 タイプに分けて記録した．

データセット

- [調査地] 六甲山（兵庫県）
- [対象種] ニホンイノシシ（*Sus scrofa leucomystax*）
- [観察期間，日数，時間] 1982 年 4 月〜1988 年 7 月（1323 日，2404 時間）

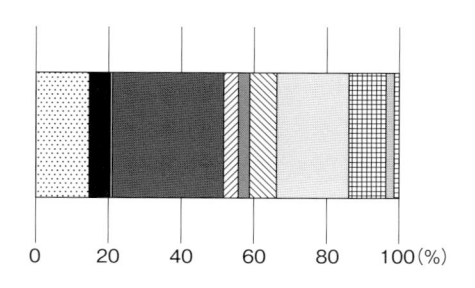

図5.5 食物を探す六甲山のニホンイノシシの母子．（南正人撮影）

図5.6 六甲山のイノシシのグループ構成別頻度．1: 単独オトナ（2 歳以上）雄，2: 単独オトナ雌，3: オトナ雌グループ，4: 基本家族群（オトナ雌 1 頭とコドモ（1 歳）かアカンボウ（0 歳）），5: 拡大家族群（オトナ雌 1 頭とワカモノとアカンボウ），6: 余剰家族群（オトナ雌 1 頭とアカンボウに，さらにオトナ雌 1 頭加わる），7: 複数家族群，8: 単独コドモ，9: コドモ群，10: 単独アカンボウ，11: アカンボウ群．（Nakatani and Ono, 1994 の Table 1 より作成）

結果と考察

　図 5.6 は，グループ構成割合の年間平均値を示している．もととなる表では季節ごとに示しているが，4 月後半から 7 月前半が出産期であるにもかかわらず，明確な季節差が認められなかったので，平均値のみ示した．オトナ雄は 100% 単独生活であり，オトナ雌は単独か自身の子供と一緒にいる家族群，あるいは拡大家族群で生活していた．また，子供は 1 歳になると，母親から離れて単独で，あるいは子供同士で群れをつくっていた．

(4) 研究例 24 —— グループ構成の季節差

　定点からの観察でグループの構成やその季節差を調べたゼニガタアザラシの研究（新妻，1986）を紹介する．北海道の厚岸湾の小島で，岩礁にあるアザラシの上陸場を 100 m 以上離れた崖の上から望遠鏡で観察し，望遠レンズで撮影した映像をもとに個体識別をして，その「出欠表」をつけたものである．そこから，出現の日周性や季節差，年齢差などがわかる．さらに，海上と上陸場での観察を通じて，遊び，出会い，警戒などの行動や，性成熟なども調べられた．

データセット
- [調査地] 厚岸湾トッカリ岩（北海道）
- [対象種] ゼニガタアザラシ（*Phoca vitulina*）
- [観察期間] 1974〜1978 年
- [観察法] 全生起（定点）
- [記録法] 連続

結果と考察

　120 個体の識別が行われた．上陸場は決まっており，毎日決まった場所にグループが形成された．他の岩礁への上陸はなかった．上陸した個体の配置は，中心部はオトナ雄で，周辺部は幼若個体とオトナ雌であった．上陸した個体は，すぐに休息姿勢になるが，ときどき顔を上げて警戒行動を行った．この行動は周辺個体ほど多かった．グループでいることで警戒の効率は上がっているのだろう．上陸したメンバー構成は調査期間中きわめて安定していた．1974 年ごろは上陸場での出産が確認されなかったが，後に上陸場での出産が頻繁に観察さ

れるようになり，17例が確認された．オトナ雌は，5～6月に出産育児を終え，子別れした．その後すぐに交尾を行い，次の子を妊娠すると思われた．雌の上陸はこのころだけで，育児を終えると姿を消して，翌年の出産期に帰ってきた．このことから，雌は非出産期には採餌回遊を行っていると推定された．一方，雄は1年中上陸してくるが，6月には1～2頭の壮年雄を除いてオトナ雄は姿を見せなくなる．この時期には，雄の首の周囲に闘争でついたとみられる傷が頻繁に見られるので，雄間の対立関係から，優位の雄だけが上陸でき，その個体が雌と交尾をする機会を得ることができると推察された．

このようなことから，著者は配偶形態の進化について検討している．ゼニガタアザラシは，一夫多妻と考えられる．しかし，他の一夫多妻のアザラシ類で見られるハレムは形成されない．雌は，1年に1回1子の繁殖を行うので，特定の場所にグループで同時期に出産するのは危険を回避する点で適応的であろう．このような雌の集中は，雄にとっては，場所と時期が予測可能で，雌をめぐる強い雄間競争を生じさせるだろう．このアザラシは，上陸場での交尾が観察されなかったことや近縁種で知られていることから，水中交尾を行っていると思われる．水中という三次元空間での雄間の闘争や雌の防衛の場合，必要なのは強大な肉体ではなく，敏捷性である．そのため，雌雄の体格差が大きくないのではないか．さらに，雌の防衛については，飼育下で最優位個体だけが交尾期に5種類の音声を出していることが知られており，これが威嚇的に使われているらしい．また，ゼニガタアザラシの雄が採餌回遊を行わないことは他のアザラシに比べてきわめて特徴的なことであるが，これは繁殖成功に強大な肉体が必要でなく，雌の集中する繁殖場とその周辺の地形などを熟知していることが有利であり，「資源防衛一夫多妻」に分類されると推定している．

その動物の生活史の全部を観察できない状況でも，さまざまな観察をつなぎ合わせることで，繁殖戦略まで検討できているという点で非常に貴重な研究といえるだろう．制約の多い哺乳類の行動観察でも，工夫次第で興味深い検討ができることが示されている．

5.3 社会行動

群れ生活をする動物はもちろん，単独生活の動物でさえ，大なり小なり同種

他個体に向けた行動を行っている．大きく分ければ，グルーミングや遊びに代表される親和的行動と，攻撃とそれに対する逃避に代表される敵対的行動がある．また，他個体に向けて口を大きく開けて凝視する表情という視覚的な信号だけで，自分の体を大きく動かすことなく威嚇する場合もある．他方，直接的に対面していなくても，音声やにおいなどを信号として使用して，他個体に影響を及ぼしている場合も多い．本節では，繁殖とは直接関わらない他個体に向けた行動，信号について，主にはその機能を調べた研究を紹介する．さらに，機能のはっきりしない社会行動である遊び，また社会行動でさえないひとり遊び的な行動，社会的なストレスがきっかけとなって発現する自己指向性行動についての研究もここで紹介する．

（1）研究例 25 ── 個体間関係によるグルーミングパターンの違い

　ニホンザルのグルーミングは，互いの腕が届く範囲にいなければ成立しないため，一方が他方に接近することがきっかけになって起こる．しかしそうして近接が成立したとしても，すぐにグルーミングが始まるとは限らず，どちらか一方が他方の前で横たわったり背を向けたり，あるいは向き合ったまま頭を上に向けるなどして，グルーミングしてもらいたい体の部位を他者にさらすという行動が先立つことも多い．これらの行動をグルーミングの催促と呼ぶが，催促の後グルーミングを開始したとしても，グルーミングをしていた個体（グルーマー）が手を休めるとグルーミングはいったん中断することになる．そこでまた催促が起こる場合とそうでない場合，またグルーミング方向に変更がある場合とそうでない場合がある．つまり，これまでグルーマーだった個体がグルーミングを受ける側（グルーミー）になる場合もあれば，引き続きグルーマーを続ける場合もある．雌とコドモのグルーミングは，母子を中心に母系血縁内で行われることが多いが，非血縁個体間でも起こる．また，非血縁個体間でも頻繁に行うペア（親和非血縁ペア）もあれば，ごく稀にしか行わないペア（非親和非血縁ペア）もいる．ここでは，母子ペアを子が未成熟個体の場合とオトナの場合に分け，合計4タイプのペア間で，グルーミングの開始，再開時の行動パターンの違いを調べた研究（Muroyama, 1991）を紹介する．

データセット

- [調査地] 幸島（宮崎県）
- [対象種と群れ] ホンドニホンザル（*Macaca fuscata fuscata*）主群
- [観察期間] 1985～1986 年（4 カ月）
- [観察法] 個体追跡（オトナ雌 6 頭，ワカモノ雄 1 頭，各 60 時間）
- [記録法] 連続

結果と考察

図 5.7 は，グルーミング開始時に催促を行った割合を，4 ペアタイプ間で，それぞれ接近した側，接近された側に分けて比較して示した．母子ペア，および親和非血縁ペアでは接近する側が催促することが多いが，非親和非血縁ペアでは逆に接近された側が催促することが多い．

図 5.8 は，中断後の再開時の催促を行った割合を，直前のグルーミングのグルーマーとグルーミーに分けて比較して示した．母子ペアでは，グルーミーとグルーマーの間に催促割合に有意差は認められなかったが，非血縁ペアではグルーマーが催促することが多かった．

グルーミングは，少なくとも衛生的機能があり，その利益を享受するのはグルーミーである．そしてグルーマーはわずかにせよそのために時間とエネルギーを費やすので，グルーミングは利他行動といえる．しかし，血縁個体間では多く（母子の場合，2 分の 1）の遺伝子を共有しているため，血縁個体の利益になることは自分自身の遺伝子のためにもなる（血縁選択理論）．他方，非血縁個体では，"遺伝的な見返り"は期待できないので，"行動上の見返り"を期待するだろう（互恵性）．グルーミングの長期的な見返りもいくつか想定できるが，短期的にはグルーミングのお返しである．グルーミングをしたら，次は役割交代してグルーミングをしてもらえればよい．しかし時間的に前後関係がある限り，ここで"裏切り"が入り込む余地がある．グルーミングを返してもらえると期待して先にグルーミングをしたのに，グルーミングを返してもらえない危険である．稀にしかグルーミングをしないペアはかなり危険である．

以上のような理論に則って考えると，互恵性に頓着する必要性は，非親和非血縁ペア，親和血縁ペア，血縁ペアの順に低くなると予測でき，この予測と整合性の高い結果が得られていることがわかるだろう．非親和非血縁ペアは，グ

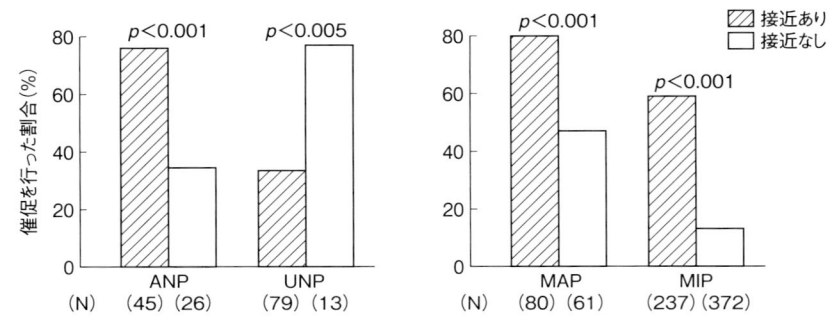

図 5.7 幸島のニホンザルの親和非血縁ペア（ANP），非親和非血縁ペア（UNP），母成熟娘ペア（MAP），母未成熟娘ペア（MIP）において，接近した側と接近された側がグルーミング開始時に催促を行った割合．(Muroyama, 1991 の Fig. 2 と Fig. 6 を改変)

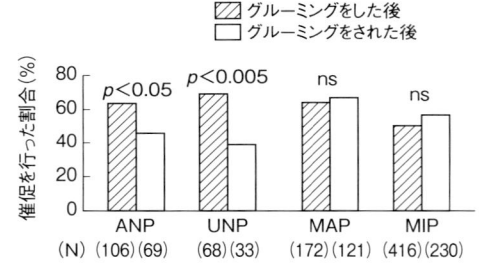

図 5.8 幸島のニホンザルの直前のグルーミングにおいてグルーマーであった場合とグルーミーであった場合の再開後の催促を行った割合．略称は図 5.7 の説明を参照．(Muroyama, 1991 の Fig. 4 を改変)

ルーミングするべく接近してきたほうがまずは進んでグルーミングをしないと始まらないし（図 5.7），他方，血縁個体は，グルーミングの役割を交代することにさほど頓着する必要もない（図 5.8）．さらに興味深い結果を補足しておくと，非親和非血縁ペア間は，親和非血縁ペア間に比べ，短い間隔でグルーミングの交代が起こる．裏切られたときのコストを最小限にしているようだ．

(2) 研究例 26 ── グルーミングパターンの社会的伝達

グルーミングは社会行動ではあるが，本来は，衛生的行動であり，ニホンザルの場合はシラミの卵を除去するための行動である．このシラミ卵の除去行動を，至近距離からビデオカメラで撮影して，その後スローモーションで再生し繰り返し見ることによりそのパターンが母系血縁内で類似していることを発見

し，パターンの社会的伝達が起こっていることを示唆した研究（Tanaka, 1995）を紹介する．

データセット
- [調査地] 志賀高原地獄谷（長野県）
- [対象種と群れ] ホンドニホンザル（*Macaca fuscata fuscata*）志賀 A-1 群
- [観察期間] 1990 年 6 月～1993 年 7 月（4097 グルーミングシークエンス）
- [観察法] 個体追跡（オトナ雌）
- [記録法] 連続

結果と考察
シラミ卵除去行動のパターンは，以下の 4 タイプに分けられた．① 人差し指を伸ばして卵をこすって外してからつまむタイプ（人差し指爪こすり取り型），

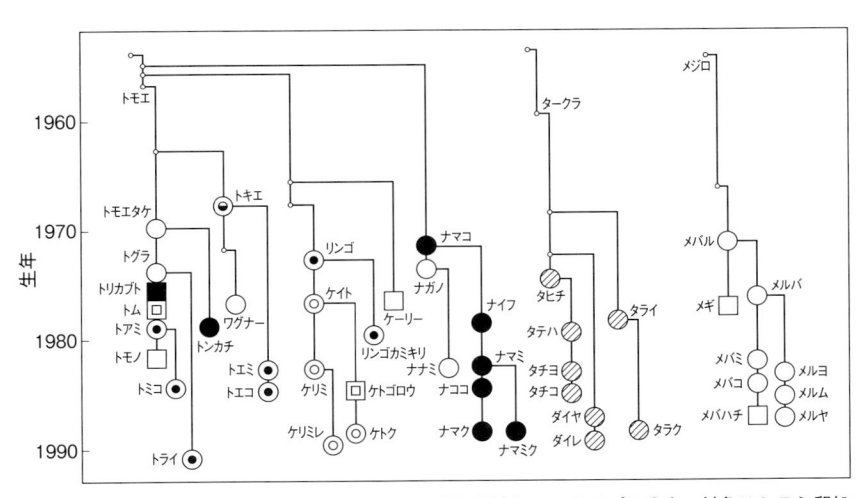

図 5.9 志賀 A-1 群のニホンザルにおけるシラミ卵処理技術の 4 タイプの分布．対象はシラミ卵処理を 10 回以上撮影，記録，ビデオ解析できた 46 個体．大きな丸が雌，四角が雄．小さい丸は解析できなかった母親に当たる個体．個体は母系に基づいて誕生年順に上から配置した．雌の個体からの枝分かれがその雌の子供に対応する．上下に走る直線上に並んだ個体が同じ母親から生まれた兄弟姉妹となる．◎と▣が，人差し指の爪を使った爪こすり取り型の個体，⊙が親指の爪を使っての爪こすり取り型の個体，◍がひねり取り型の個体，●と■が爪合わせ型の個体を，○と□がシラミ卵を外すために特別な処理を行わない個体を示す．トキエの中の丸が白と黒の半分合わせになっているのは，トキエは爪こすり取りにおいて人差し指と親指の両方の爪を使ったため．（Tanaka, 1995 の Fig. 2 を改変）

この亜型として，人差し指の代わりに親指を使うタイプがある（親指爪こすり取り型），②シラミの卵を毛ごと親指と人差し指でつまんで，指全体をひねって外すタイプ（ひねり取り型），③人差し指と親指の爪を合わせて卵を櫛ですき取るようにして卵を外すタイプ（爪合わせ型），④とくに何もせず指の腹ですぐつまむタイプ（無処理型）．図5.9は，群れの雌，およびコドモにおけるこれら4パターンの分布を示している．10回分以上の解析データのある46個体のうちトキエが爪こすり取り型だが，人差し指を使う場合と親指を使う場合があるのを除いて，すべてにおいていずれかひとつの型しか示さなかった．さらに驚くべきことに，基本的には同じ母系家系内の個体は同じ型を示した．グルーミングは基本的に同一家系内で行われるため，コドモのころ，自身の母親が姉や兄とグルーミングを交わすのを観察することを通じて，社会的に学習したと考えられる．また，最優位家系であるトモエ家系においては，複数の型が混在しているが，これは高順位雌では家系外の低順位からグルーミングを受けることがあるので，その影響であろうと考えられた．

(3) 研究例27──餌乞い行動の個体学習

野生動物への給餌は，野生動物にも病気の伝搬や交通事故などの危険を与え，人にも農作物の被害や動物からの攻撃の危険性を高めるなど，さまざまな問題がある．それでは，動物の餌乞い行動はどのように獲得されるのだろうか．道路に出てきて餌乞い行動をする知床半島のキツネを対象にした研究（Tsukada, 1997）を紹介する（図5.10）．毎月2日間，7時〜17時の間に2時間ごとに道

図5.10 知床で餌乞いをするキタキツネ．（塚田英晴氏撮影）

路を車で走行して観察した．43 個体を捕獲してカラーの耳タグをつけて個体識別を行い，1992 年と 1993 年の冬に雪上の足跡から巣穴を探した．さらに巣穴が繁殖によく使われる 5〜8 月に，道路から 20 m 以内を探した．また，人への慣れの程度を人や車が近づける距離をもとに評価した．

データセット

- [調査地] 知床国立公園（北海道）
- [対象種] キタキツネ（*Vulpes vulpes schrencki*）
- [観察期間，日数] 1993〜1994 年の 6〜10 月（毎月 2 日）
- [観察法] 行動（ルート踏査）
- [記録法] 連続

結果と考察

調査地内で 50 頭が餌乞い行動をしていた．このうち 28 頭はオトナで，当初ワカモノは 6 頭であったが，後に 22 頭に増えた．ワカモノが餌乞いをしていた 11 家族のうち，10 家族が巣穴を道路脇に移動させた．一方，移動させなかった 12 家族のうち，11 家族ではワカモノは餌乞いをしていなかった．21 頭のオトナについて人への慣れの程度を調べたが，年齢・性別・雌の繁殖状態によって違いはなかった．しかし，広い道路と狭い道路では差があって，狭い道路では人慣れが有意に起こっていた．

ワカモノの餌乞い行動の獲得と道路際の巣穴利用には強い関係が見られた．この理由のひとつは，ワカモノは普通巣穴近くに行動を限定していることである．道路から離れた巣穴のワカモノがまったく餌乞いをしないことから，道路際に巣穴があることが餌乞い行動の獲得に寄与していると思われる．

期間中にオトナはたった 2 頭しか餌乞い行動を獲得しなかった．このうち 1 頭は他のところで餌をもらっていた可能性があるが，もう 1 頭は餌乞いをしている他の個体と異なり，人に対して慣れることはなかった．このようなことから，オトナになってから，餌乞い行動を獲得するのは難しいと考えられる．

縄張りによってオトナの人への慣れ方や餌乞いの期間に差があった．これは縄張りによって自然の食物のアベイラビリティーが異なっていると思われる．

文献や著者らのこれまでの研究から，キツネは母系社会で雌の家族縄張りの

移籍がなく，家族縄張りの移動もほとんどなく安定であることから，人に慣れた個体が道路際に集まってくるのではないと思われる．狭い道路近くは曲がり角や立木によって視界が遮られるので，餌乞いするキツネは道路近くにいて車や人に近づくことに慣れなければならない．

餌乞い行動は，オトナが獲得することは少なく，道路近くに巣穴のあるワカモノが獲得していくことがわかった．このため，道路近くに巣穴を持たせないようにすることが，餌付けを防ぐために効果的である．

(4) 研究例 28——仲直り行動

グルーミングは行動パターンに多少のバリエーションはあれど，見かけ上誰しもがそれとわかる行動パターンがある．他方，機能についても，シラミ卵除去については明確である．ここではニホンザルのグルーミングなどの親和的行動が，仲直りとして機能していることを証明した研究 (Kutsukake and Castles, 2001) を紹介する．仲直り行動の研究には，PCMC 法と呼ばれる定型法が確立されている．攻撃的交渉が起こってから 10 分間の親和的行動 (Post-Conflict の略で PC) と対照群としてその翌日に当該個体同士が初めて出会ってから 10 分間の親和的行動 (Matched Control の略で MC) を比較する．また，攻撃的交渉の敗者は，心的ストレスを被っていると考えて，行動的ストレス指標と考えられている自己指向性行動についても，PC 条件と MC 条件を比較した．ただし，PC は当然ながら勝者の行動は含まず，親和的行動が 10 分以内に起こった場合のみとした．なお，親和的行動には，グルーミングの他に，ハドリング (体を寄せ合う)，リップスマッキング (口を尖らせて開閉する表情)，マウンティング (馬乗り)，鼻面を合わせる行動，遊び，クーコールの鳴き交わしを，自己指向性行動は，セルフスクラッチ (自分の体を引っかく行動)，自己グルーミング，ボディーシェイク (水で体が濡れたイヌが水をとばすときのように体全体を揺する行動)，あくびを含んでいる．

データセット

- [調査地] 志賀高原地獄谷 (長野県)
- [対象種と群れ] ホンドニホンザル (*Macaca fuscata fuscata*) 志賀 A-1 群
- [観察期間，日数] 1998 年 6 月〜2000 年 3 月 (135 日)

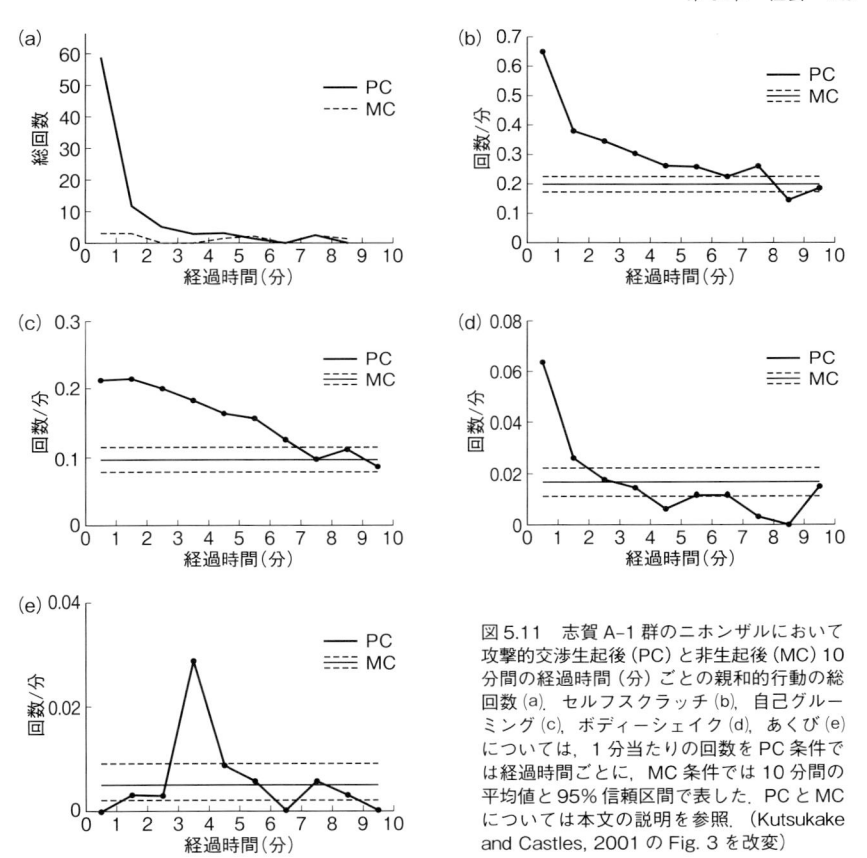

図5.11 志賀 A-1 群のニホンザルにおいて攻撃的交渉生起後 (PC) と非生起後 (MC) 10分間の経過時間 (分) ごとの親和的行動の総回数 (a), セルフスクラッチ (b), 自己グルーミング (c), ボディーシェイク (d), あくび (e) については, 1分当たりの回数をPC条件では経過時間ごとに, MC条件では10分間の平均値と95%信頼区間で表した. PCとMCについては本文の説明を参照. (Kutsukake and Castles, 2001 の Fig. 3 を改変)

- [観察法] 個体追跡 (2歳以上全個体, 主にオトナ雄5頭, オトナ雌20頭, コドモ雄5頭, コドモ雌5頭)
- [記録法] 連続

結果と考察

親和的行動とあくび以外の自己指向性行動で, MC に比べ PC で明らかに頻度が高く, とくに1分 (以内) でそれが顕著であった (図5.11). つまり, 闘争後の親和的行動は, 敗者のストレスを軽減させ仲直りとして機能していることを示唆した.

(5) 研究例 29 —— 援助行動

　敵対的行動の後に親和的行動でなく，敵対的行動が起こることも多い．ここでは敵対的行動の当事者以外の第三者が敵対的交渉に介入してきた場合，攻撃者に攻撃して被攻撃者の味方をするのか（被攻撃者援助），被攻撃者に攻撃して攻撃者の味方をするのか（攻撃者援助）を調べた研究（Watanabe, 1979）を紹介する．ニホンザル餌付け群の餌場で起こる威嚇，攻撃などの敵対的交渉が連鎖するのを個体名も含めてひとりで記録するため，シークエンスサンプリングでボイスレコーダーに音声で記録した．

データセット
- [調査地] 高浜（福井県）
- [対象種と群れ] ホンドニホンザル（*Macaca fuscata fuscata*）音海 A 群
- [観察期間，日数，時間] 1973 年 4 月～1974 年 3 月（112 日 300 時間）
- [観察法] 行動（シークエンス）
- [記録法] 連続

結果と考察
　オトナ雄が行った援助行動 211 回のうち，第 1 位雄が 151 回（71.6%）を占め，さらに特徴的なのは，被攻撃者援助が 120 回と 79.5% を占めていた．第 1 位雄は，オトナ雄がオトナ雌を，3～4 歳の年長のコドモが年少のコドモを攻撃したとき，被攻撃者の味方をすることが多かった．それに対し，第 2 位以下の雄 4 頭が行った 60 回の援助のうち，攻撃者援助が 37 回と 61.7% を占めていた．オトナ雌が行った援助行動は 396 回観察されたが，母親では被攻撃者援助が多く（136 回／220 回），当然その場合の被攻撃者とは自分の子供である．他方，母親以外は攻撃者援助が多かった（107 回／176 回）．被攻撃者の援助をするということは自らに攻撃が向けられる危険が高いので稀であるが，この危険を冒すのは母親が自分の子供を援助する場合である．第 1 位雄が被攻撃者援助を行うのは，自分の子供を援助している可能性もゼロではないが，血縁関係とは無関係に群れのさらなる争いを鎮める役割を演じているように見える．

（6）研究例 30 ── 社会的遊び

　パターンが多様で，しかも機能がはっきりしない社会行動の極めつけは，遊びである（機能がはっきりしないからこそ遊びであるともいえるのだが）．ここでは，一風変わった社会的遊びである「物を使った社会的遊び」，中でも追いかけっこを伴う遊びの特性を明らかにした研究（Shimada, 2006）を紹介する．コドモが，自然物としては木の枝やシダ，人工物としてはレジ袋や空き缶などを手にしたところから開始し，そこに他個体が参加して追いかけっこを交えて遊んだ後，その同じ物体から手を離して 1 分以上経過するまでの一連の行動を観察記録した．物を使った社会的遊びに着目したシークエンスサンプリングをした例であるが，個体追跡サンプリングならぬ物体追跡サンプリングと呼んでよいかもしれない．

データセット
- [調査地] 嵐山（京都府）
- [対象種と群れ] ホンドニホンザル（*Macaca fuscata fuscata*）嵐山 E 群
- [観察期間，日数，時間] 2000 年 7〜10 月（38 日，247 時間）
- [観察法] 行動（シークエンス）
- [記録法] 連続

結果と考察

　追いかけっこを伴う物を使った社会的遊びの際，物を持ったほうが逃げるのか，持っていないほうが逃げるのかを，物を持っていない個体の数別に割合で示し，期待値と比較した．物体は 1 個だから物を持っている個体は 1 頭なので，物を持っていない個体が 1 頭のときは，いずれが逃げる側に回るかの期待値は等しい．物を持っていない個体が 2 頭，3 頭となると，その個体が逃げる側に回る期待値は，持っている個体が逃げる場合の 2 倍，3 倍となっていくが，観察値はいずれの場合でも持っている個体が逃げる場合が有意に高い．物を手にした個体はその物を持って逃げ，それを他個体が追いかける．物が奪われることがあれば，奪った個体が今度は逃げる側に回り，これまで追いかけられていた個体が追いかける側に回る．こうして長いときには 9 分近く，延べ 11 頭の

個体が参加して行われた．遊びに一定のルールが成立しているように見える．

(7) 研究例 31——ひとり遊び

　ニホンザルの餌付け群と飼育群においては，「石遊び」と呼ばれる行動が知られている．この行動も先の物を使った遊びといえるが，社会的ではなくいわばひとり遊びである．さらにこの行動は，1979年京都嵐山群において当時3歳の雌のコドモが行うのが初めて発見されて以降コドモ世代にのみ広がっていったが (Huffman, 1984)，その世代がオトナになったため現在はオトナも行うようになっていることもあって，英語では「遊び」を意味するプレイを使わず，客観的にストーンハンドリング（直訳すると「石扱い」）と呼ばれる．行動の発明がなされ，群れの他の個体に社会的に伝播していったように見える（社会的伝達）ことから，ニホンザルの文化の好例とされるが，ここでは石遊び行動のパターンが地域により群れにより異なることから，文化説を補強した研究 (Leca et al., 2007) を紹介する．10群を4名の観察者で手分けをして調査を行った．15分ごとに追跡個体を変え，できるだけ多くの個体から均等にデータを得るようにした．個体追跡中は，可能な限りビデオ撮影も行い，行動パターンの分類に使用した．個体追跡の前後には，スキャンサンプリングにより，個体の属性と行動パターンを記録した．

　データセット
- [調査地] 嵐山（京都府），小豆島（香川県），高崎山（大分県），幸島（宮崎県），京都大学霊長類研究所 (KUPRI)，日本モンキーセンター (JMC)（以上，愛知県）
- [対象種と群れ] ホンドニホンザル (*Macaca fuscata fuscata*) 嵐山E群（431時間），小豆島A群（78時間），B群（52時間），高崎山B群（23時間），C群（74時間），幸島主群（340時間），KUPRI放飼場嵐山A群（180時間），同若桜A群（225時間），同高浜群（450時間），ヤクシマザル (*M. fuscata yakui*) JMC放飼場1群（99時間）
- [観察期間，日数，時間] 2003年8月〜2005年2月（1950時間）
- [観察法] 個体追跡（全個体，あるいは全性年齢クラス），スキャン，アドリブ
- [記録法] 連続（個体追跡），瞬間（スキャン）

表 5.1　ニホンザル 10 群において観察された「石遊び」のパターンごとの生起頻度.

パターン	嵐山 A	若桜 A	高浜	JMC	幸島主	嵐山 E	小豆島 A	小豆島 B	高崎山 B	高崎山 C
かむ	P	C	C	P	C	H	H	P	P	H
舐める	P	H	C	P	P	P	(−)	(−)	P	P
においをかぐ	C	C	C	H	P	H	H	P	H	H
手で抱えて運ぶ	−	C	H	H	P	C	H	H	H	H
口で運ぶ	−	H	C	P	−	P	P	P	P	P
自分の前の地面に集める	P	C	C	P	P	C	H	H	H	H
手に抱えて集める	C	C	C	C	C	C	H	H	H	H
両手に持って音をならす	P	P	H	C	−	−	P	P	P	P
互いにこすり合わせる	−	H	C	P	−	C	P	P	H	P

C：常習的（1 年齢クラスにおいて調査個体の少なくとも 90% が行ったか，あるいは 2 年齢クラスにおいて少なくとも 70% が行った）
H：慣習的（常習的ではないが，数頭が最低 3 回は行うのが観察された）
P：存在（常習的でも慣習的でもないが，少なくとも 1 度は観察された）
−：存在しない（少なくとも 90 時間以上観察したが観察されなかった）
(−)：観察されなかったが，観察時間が 90 時間未満だったため不確か．（Leca et al., 2007 の Table 6 の一部を抜粋）

結果と考察

石をかむ，舐める，においをかぐ，石を手で抱えて運ぶ，口で運ぶ，石を自分の前の地面に集める，手に抱えて集める，両手にそれぞれ持った石を合わせてカチカチ音をならす，互いにこすり合わせるなど 45 のパターンが認められた．ただ，それぞれの観察頻度には群れごとの違い，地域差が認められた．表 5.1 はそのごく一部を表しているが，たとえば，高浜群，JMC 群では慣習的な両手にそれぞれ持った石を合わせてカチカチ音をならす型が，嵐山 E 群と幸島主群では観察できなかった．

(8) 研究例 32 —— モニタリング行動：見回しと発声の量

次に大きな体の動きを伴わない行動を取り上げてみよう．ニホンザルの見回しと発声である．見回しとは，ここでは 3 秒以上頭を左右に回転させる行動と定義する．他方，ここでいう発声は，通常「クー」と聞こえることから「クーコール」と呼ばれる音声を発することを指す．これらをそれぞれ視覚的，聴覚的に群れの他個体の位置をモニタリングする機能があると想定して行われた研究（Suzuki and Sugiura, 2011）を紹介する．個体追跡をしながら 1 分間隔で大ま

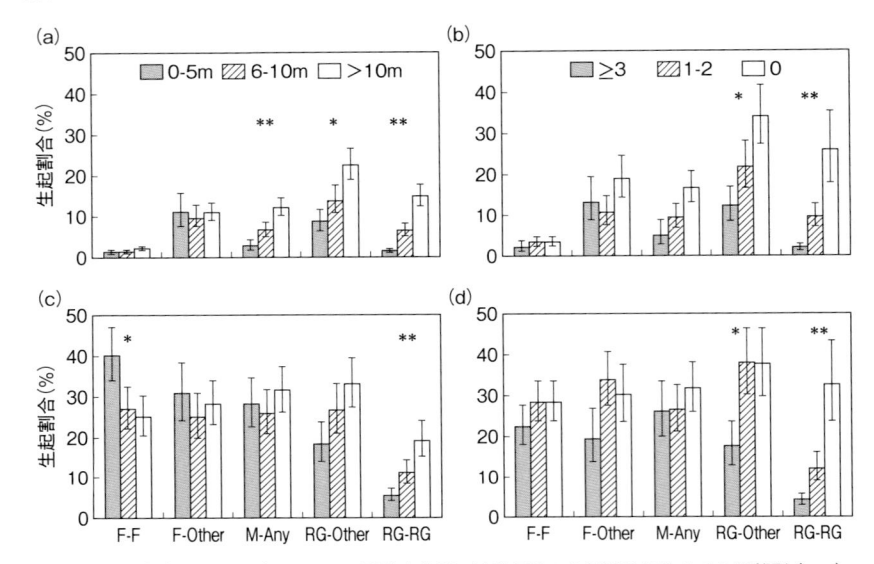

図5.12 屋久島のニホンザルにおける活動変化別，追跡個体から最近接個体までの距離別 (a, c)，追跡個体から 10 m 以内の群れのメンバー数別 (b, d) の見回し行動 (a, b) とクー発声 (c, d) の生起割合．横軸の活動変化については本文を参照．(Suzuki and Sugiura, 2011 の Fig. 1 を改変)

かな活動を記録するとともに，その瞬間の周囲の個体を追跡個体からの距離とともに記録し，同時にその 1 分間の見回しと発声の有無をワンゼロで記録した．

データセット

- [調査地] 屋久島低地林 (鹿児島県)
- [対象種と群れ] ヤクシマザル (*Macaca fuscata yakui*) KA 群
- [観察期間，時間] 2005 年 5〜6 月，8〜10 月，2006 年 5〜7 月 (110 時間)
- [観察法] 個体追跡 (オトナ雌 5 頭，90〜120 分を単位としてランダムに個体交代)
- [記録法] 瞬間 (1 分間隔：追跡個体の大まかな行動，および周囲の個体)；ワンゼロ (1 分間：見回しと発声)

結果と考察

図 5.12 は，見回し行動 (a, b) とクー発声 (c, d) が見られた「1 分間」の割合を，追跡個体からもっとも近くの個体 (最近接個体) までの距離 (a, c)，および追跡個体から 10 m 以内の群れのメンバーの数ごと (b, d) で分けて，1 分間の

活動変化ごとに示した．群れからはぐれる危険が高そうなグルーミングを含む休息からそれ以外の活動に移った場合（RG-Other）や，定常状態ではあるが交渉相手の必要なグルーミングを含む休息時（RG-RG）に，最近接個体までの距離が長いほど，また10 m以内の近接個体数が少ないほど，見回しも発声も頻度が上がった．両者で傾向が大きく異なっていたのが採食を続けている場合（F-F）であった．見回し頻度が他の活動カテゴリーに比べ低く，かつ周囲の個体の影響を受けないのは，発声頻度が高いことも考慮に入れると見回しは採食と両立しにくいためだと考えられた．しかし，最近接個体が近くにいるほど発声頻度が高かったのはなぜだろうか．著者らによれば，採食時に最近接個体が5 m以内にいることによって高まる緊張を鎮めるためにクーコールの発声頻度を高めているのだという．

（9）研究例33──モニタリング行動：発声の質

では，「クーコール」の量ではなく，質は個体間の距離によって，あるいは個体の活動カテゴリーによって違いはないのだろうか，という疑問に答えてくれた研究（Sugiura, 2007）を紹介する．「クーコール」を指向性マイクロフォンを使ってボイスレコーダーに記録すると同時に，そのときの活動カテゴリー，ならびに最近接個体までの距離を記録した．記録した音声は，ソナグラムという装置で分析にかけられる．この装置を用いれば，音声の時間軸に沿った周波数と音の強さの変動がソナグラフ（声紋）として表示できる．

データセット
- [調査地] 屋久島低地林（鹿児島県）
- [対象種と群れ] ヤクシマザル（*Macaca fuscata yakui*）B群
- [観察期間，時間] 1997年5〜8月（67時間）
- [観察法] 個体追跡（オトナ雌5頭，最大2時間を単位としてランダムに個体交代）
- [記録法] 連続

結果と考察

クーコールの周波数変調の幅と時間長を，周囲の個体の有無と追跡個体の活動の違いで比較してみた．すると追跡個体から10 m以内に少なくとも1頭い

る状況 (近い) に比べ，1頭もいない状況 (遠い) では，周波数変調が大きく時間長の長い音声が鳴かれることがわかった．こうした音響構造を持った音声は，聞き手が発声者の位置を正確に知るのに都合がよいらしい．他方，休息，採食，移動といった活動は，音響構造に影響を与えなかった．

(10) 研究例 34——音声レパートリー

音声は，動物のコミュニケーションの主要なもののひとつであり，社会関係が複雑な種では非常に多くの音声が使われている．ひとつの種のすべての音声の種類を記録するのは難しい．さまざまな状況に応じて異なった音声が使われるので，その動物の生活の全体を取材しないと音声のレパートリーを得ることができないからである．また，多くの音声が一定の社会的条件や社会関係の中で発せられるので，飼育環境では録音できないこともある．ニホンジカでは，13種類の音声が記載され，そのうち12種がソナグラフで記載された (Minami and Kawamichi, 1992)．

データセット
- [調査地] 奈良公園 (奈良県)
- [対象種] ホンシュウジカ (*Cervus nippon centralis*)
- [観察期間，時間] 1979～1983 年 (1893 時間)
- [観察法] 個体追跡，アドリブ
- [記録法] 連続

結果と考察

合計 7250 の音声を記録し，そのうち近距離から録音できた 620 声をソナグラフで表して，音の性質から分類した．その結果 12 種類に分類でき，さらに録音できなかった 1 種類を合わせて，13 種類の音声タイプに分類した．これらの音声には，雄の発情時に特有の音声が 7 種類あった．一方，雌で交尾期に特有の音声は 1 種類しかなかった．音声の音響構造は基本的に，声帯で発せられた音 (基本周波数) にその整数倍の周波数が重なる層状であったが，攻撃の音声 (IV-a と IV-b) だけはそれが断続的に切れた音声であった (図 5.13)．長距離に届く発情の音声 (II) の音響構造は，コヨーテやオオカミなどの遠吠えと同じよ

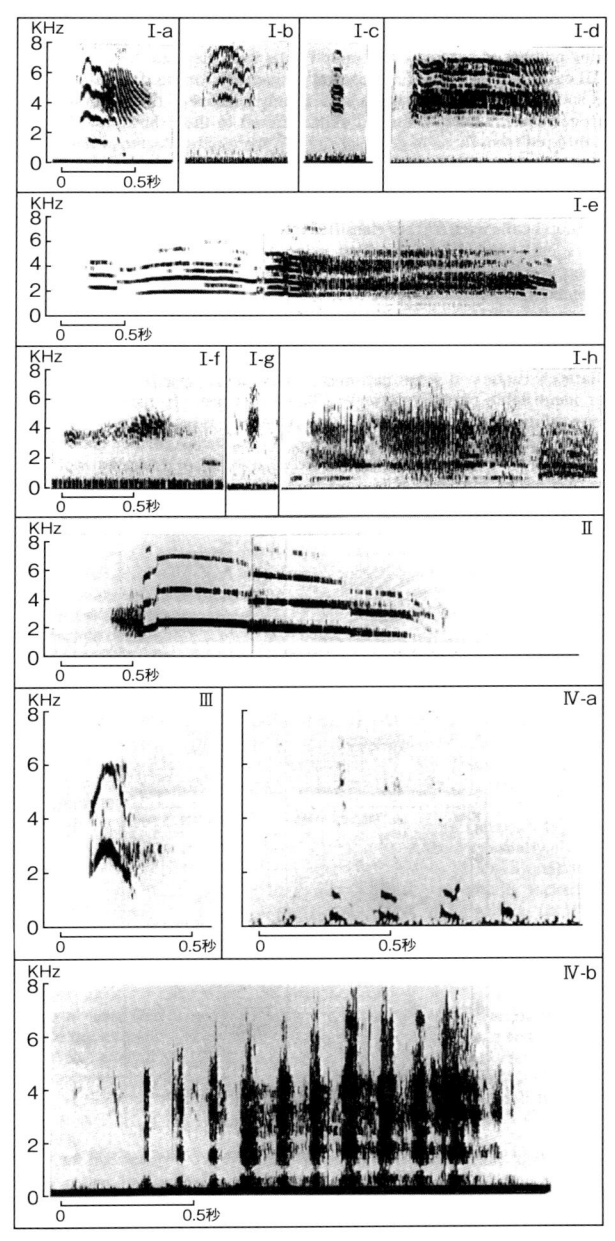

図 5.13 奈良公園のニホンジカの音声のソナグラフ．I, II, III, IV は音声グループを表し，-a, -b などは音声タイプを表す．（Minami and Kawamichi, 1992 の Fig. 2 と Fig. 3 を改変）

うな構造で，位置と鳴いている個体の特定が容易な音声であった．一方，近距離で使われる音声 (I-a〜h) は個体内での変異も大きく，興奮の程度など細かな情動の伝達に使われているようであった．また，警戒時に使われる音声 (III) は，短く周波数変化が激しい音響構造なので，定位しにくいといわれている．他個体を攻撃する際に出される強い音声 (IV-b) は，ニホンザルの攻撃の音声とよく似ていた．

　ニホンジカの音声は，近縁のアカシカより長距離用の発情の音声の種類が多く，それはニホンジカの社会構造と関係している可能性が示された．また，周波数が高い音域は劣位的に使われて相手に許容的な情動を生み出し，低い音域は攻撃的な情動とつながるなどといった音響構造と音声が発せられるときの動物の情動に関するルール (Morton, 1977) の関係が，ニホンジカでも見られることが示された．しかし，この研究はニホンジカの音声研究の第一歩であって，それぞれの音声の機能については，より詳細な観察や実験が必要である．音声によって何が伝わっているかを理解することが必要である．

(11) 研究例 35──音声の機能

　上記の研究は，どのような個体がどのような状況のもとで，どのような音声を発したかを記録したものであるが，それぞれの音声タイプの機能を証明したわけではない．音声はそれを単独で取り出してプレイバック（再生）できる利点があり，実験によってその音声の機能をより深く検討することができる．海外のシカ類では，発情声が発声者の闘争能力をどのように表しているかを調べた研究も多い．また，さまざまなサルやリスなどでは，外敵の種類によって異なる警戒声を使い分けており，その音声を聞いただけで，それに応じた逃避行動が起こることが実験で示されている．

　ここでは、クリハラリスの研究について紹介する (Tamura, 1995)．この研究では，まずクリハラリスが外敵の種類に応じて異なった警戒声を発し，それに応じ異なる反応を示すことを明らかにした．タカなど上空の敵には「ガッ」，ヘビには「チーチー」，草陰に潜む肉食獣には「グワングワン…，ワンワン…，キッキッ…」と鳴き，そして「ガッ」を聞いたリスは林内で静止し，「チーチー」を聞いたリスは音源に近づき，「グワン…」を聞いたリスは木の上に登って静止した．ヘビに近づくのは，集まってモビング行動（第 7 章研究例 54）を行うた

めである．ところが，交尾が終わった雄が，「ワンワン…，キッキッ…」を出し，それを聞いた他の個体は樹上で静止していることにも気づいた．この音声と警戒声をソナグラフで比較したが差がなかった．そこで，録音された警戒声と交尾後の音声と対照となる音 (雑音：ホワイトノイズ) を使って，プレイバック実験をしてみたところ，警戒声が交尾後の配偶者防衛に使われていることがわかった．

データセット
- [調査地] 鎌倉市 (神奈川県)
- [対象種] クリハラリス (*Calloscirus erythraeus thaiwanensis*)
- [観察期間，日数，時間] 1982〜1985 年 (1 日合計 4 回まで，3 分，5 分，10 分間再生)
- [観察法] 全生起 (定点)
- [記録法] 連続

結果と考察

対照となる雑音を聞いたときには音の再生中は樹上には上がらなかった．しかし，警戒声と交尾後の音声を聞いたときは，音声後 1 秒以内に地上，あるいは給餌台にいた個体は樹上へ，樹上にいた個体はさらに樹上高くへ駆け上がり，その後音声の再生が終わるまでじっと静止し，この 2 つの音声を区別していないようであった (図 5.14)．つまり，交尾が終わった個体が警戒声と同じ音質の音声を出していたことになる．

クリハラリスは交尾後，雌の陰部に交尾栓と呼ばれる蠟のような白い塊を挿入して雌の膣をふさぐ．これは固まるまでに時間がかかるので，交尾後の雌が激しく動くと交尾雄が注入した精液が漏れる可能性がある．また，このリスでは雄は雌をめぐって激しい交尾騒動 (第 6 章研究例 41) を繰り広げる．このような状況で，交尾した雄が，交尾した雌もライバルの雄も静止させて，受精までの時間を少しでも稼ごうとしている「だまし」ではないかと著者は述べている．この研究は，音声の機能に迫った研究といえるだろう．

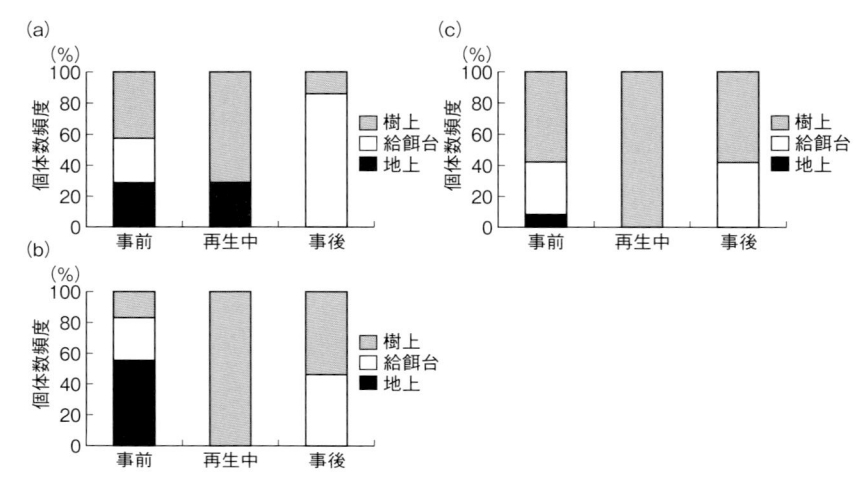

図 5.14　餌場にきているクリハラリスへの音声プレイバック実験を行ったときのリスの位置．
a：コントロール，b：警戒声，c：交尾後音声．（田村，2011『リスの生態学』の図 3.4 より改変）

5.4　社会関係

　個体間の社会関係は，通常前節で扱った社会行動により表される．群れをつくる動物の場合には，群れ内の個体同士，群れ間の個体同士，群れ内外の個体同士でそれぞれ違った関係が見られるだろうし，それぞれ性や年齢によってもまた違った関係が見られるであろう．中でも哺乳類の場合，少なくとも授乳という母親しかできない子供の保護を通じて，少なくともコドモの間は母子間の関係はとくに密接であるし，ニホンザルやニホンジカのように母系の群れをつくる動物の場合には，オトナになっても母子関係は維持され，さらには姉妹，祖母と孫娘など母系の血縁者同士も密接な関係があることが予想される．

(1)　研究例 36 ── 群れ内の親和的関係

　ニホンザルの群れ内の個体間の親和性を測る尺度として，通常用いられるのはグルーミングと近接である．近接とは，追跡個体から 0〜1 m，1〜2 m，2〜3 m，3〜5 m，5〜10 m などといった距離カテゴリーをいくつか事前に設定し，その距離カテゴリーの範囲内にいる個体を記録したり，追跡個体のもっとも近い距離にいる個体（最近接個体）を記録したりする．ここでは，追跡個体から

図5.15 夕刻に海岸の岩場でハドリングする金華山のニホンザル．（中川尚史撮影）

3 m 以内の個体，およびグルーミング相手個体のみならず，夜間の親和性を測る尺度としてハドリングを導入した研究（Takahashi, 1997）を紹介する（図5.15）．この研究でいうハドリングとは，泊まり場で体を寄せ合っている状態を指し，誰かがハドリングを開始してから 1 時間，その間誰と誰がハドリングしたかをその場にいるすべての個体について懐中電灯を用いて観察し記録していく．その後，収集したデータをもとにハドリング示数を計算する．個体 A と個体 B の間のハドリング示数は，$100 \times F(A \cap B) / F(A \cup B)$ で表される．$F(A \cap B)$ は，A と B がハドリングするのが観察された総日（夜）数，$F(A \cup B)$ は A と B が同じ泊まり場を利用したことが確認された総日数である．他方，個体 A と個体 B の間のグルーミング示数は，$100 \times [f_A(B) + f_B(A)] / [F(A) + F(B)]$ で表される．$F(A)$，$F(B)$ は，A と B が同じ群れにいたことが確認されている日における 30 秒ごとの観察単位の総数である．$f_A(B)$ は，追跡個体が A であれ B であれ A が B をグルーミングした観察単位の総数，$f_B(A)$ はその逆で B が A をグルーミングした観察単位の総数である．近接示数もこれと同様の方法で計算された．

データセット 1（日中）
- [調査地] 金華山（宮城県）
- [対象種と群れ] ホンドニホンザル（*Macaca fuscata fuscata*）金華山 A 群
- [観察期間，時間] 1993 年 1 月 9 日～3 月 31 日（201 時間 35 分）

- [観察法] 個体追跡 (オトナ雄 7 頭, オトナ雌 14 頭, 各約 600 分)
- [記録法] 瞬間 (30 秒間隔: グルーミング, 3 m 以内の近接個体)

データセット 2(夜間)
- [観察期間, 日数, 時間] 1993 年 1 月 9 日〜3 月 31 日 (38 日間, 37 時間 44 分)
- [観察法] 全生起 (同じ泊まり場にいるすべての個体)
- [記録法] ワンゼロ (ハドリング)

結果と考察

表 5.2 に, 例としてグルーミング示数の群れ内の分布を示した. 追跡したのはオトナ雄 7 頭, オトナ雌 14 頭の合計 21 頭だから, 組み合わせ数としては全部で 210 ペアあるが, グルーミングが観察されたのは 62 ペア (29.5%) にすぎない. すべて血縁関係にない雄同士では 21 ペアのうち, グルーミングは 10 ペ

表5.2 グルーミング示数の分布.

	AR	IS	PR	CR	NT	KD	RS	Hr	Sr	Ob	Mk	Be	Er	Kb	Dk	Hn	Mg	Su	Mn	Mr	Sh
AR	----	0	0.50	2.69	0.44	1.16	0.57	0	4.12	0	0.57	0	6.17	0	1.65	0	3.47	0	1.39	0	0.10
IS		----	0.38	3.78	0	0	0	0	1.98	0.31	2.66	0	1.27	0	0	0	0	0.09	0	0	0
PR			----	0	2.17	0	0	0	0.94	0	0.52	0	0	0.04	0	0	0.10	2.00	0	0	3.30
CR				----	6.97	0	0	0	0	0	0	0	0	0	0	0	0	0	0	0	0
NT					----	0	0	0	0	0	1.96	0	0	0	0	0	0	0	0	0	0
KD						----	4.33	0	0	0.22	0	0.08	0	0	1.51	0	1.72	0	0	0	0
RS							----	0	0	0	0	0	0	0	0	0	0	0	0	0	0
Hr								----	9.89	0.57	0	0	0	0	0	0	0	0	0	0	0
Sr									----	0	0.6	0	0	0	0	0	0	0.70	0.74	0	0
Ob										----	0.75	8.80	0	0	0.77	0	0	0	3.38	0	0
Mk											----	0.17	0	0	0.99	0	1.03	0.28	0	0	0
Be												----	0.72	0	0	0	0	0	0	0	0
Er													----	0.14	7.65	0	0.05	0	0	0	0
Kb														----	2.52	0.04	0	0.07	0	0	0
Dk															----	12.20	0	0	0	0	0.06
Hn																----	0	1.29	1.38	0	0
Mg																	----	0.48	1.32	0	0
Su																		----	0	1.05	0
Mn																			----	7.67	0
Mr																				----	0
Sh																					----

AR から RS はオトナ雄を, Hr から Sh まではオトナ雌を表す. □で囲ったペアは母系の血縁個体. (Takahashi, 1997 の Table 5 を改変)

ア（47.6％）で観察されているが，雌同士の組み合わせ 91 のうちグルーミングが観察されたのは 28 ペア（30.7％）で，そのうち 8 ペアを占める血縁個体（母娘，姉妹）の示数が著しく高いことがわかる．雌雄間については，この時期は非交尾期であるにもかかわらず，高順位雄で示数が高く，中でも第 1 位雄 AR と 3 頭の雌（Sr, Er, Mg）との間の示数が高いのがとくに目を惹く．

同様の表を近接示数，ハドリング示数についても描き，それぞれの示数の平均値からのずれ具合をもとに線の太さを変えて図示したのが図 5.16 である．グ

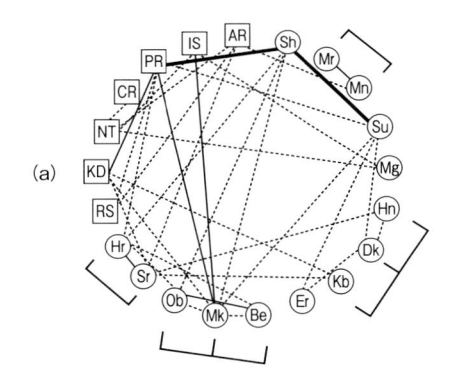

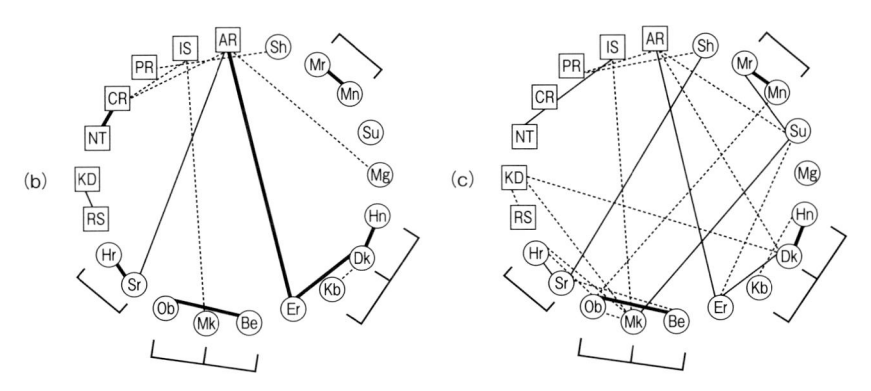

図 5.16　金華山のニホンザルにおけるハドリング (a)，グルーミング (b)，近接 (c) のネットワーク．示数が平均値 (X) より高いが，平均値＋標準偏差 (SD) 未満のペアは破線で，$X+$SD 以上，$X+$2SD 未満のペアは細い実線で，$X+$2SD 以上，$X+$3SD 未満のペアは太い実線で結んである．□はオトナ雄，○はオトナ雌．雄は AR，雌は Hr がそれぞれ第 1 位で，雌雄いずれも反時計回り方向にいくに従い順位は下降する．母系の血縁関係にある個体同士は，ネットワーク図の外側で線で結んで示している．(Takahashi, 1997 の Fig. 2 を改変)

ルーミング示数をもとに描いた図 5.16b では前述のことが確認できるが，近接示数をもとにした図 5.16c では同様の傾向に加えて，それ以外の個体間でも高い示数を示すことから，グルーミングは少なくても近接はするペアがいることが表れている．ハドリング示数をもとにした図 5.16a に目を向ければその傾向はさらに顕著になっている．ハドリング形成時の平均気温は 2.8℃，寒いときはマイナス 2℃．この寒さをしのぐために普段あまり仲のよくない個体同士も許容し合う結果だと思われる．ちなみに，ひとつのハドリングの頭数はオトナに限れば平均 3.6 頭，最大 13 頭，コドモも入れれば 45 頭のうち平均 7.3 頭，最大 27 頭となった．

(2) 研究例 37——群れ内の順位関係と親和的関係

サルほどの社会性を発達させていないと考えられる草食獣の群れの社会関係はどのようなものだろうか．無人島で野生化したウマで個体間関係が調べられている (Kimura, 1998)．北海道根室沖のユルリ島では，年に一度の間引きがあるが，ウマが野生状態でいる．島の中のウマは，1 頭の雄と多数の雌とその子供からなる単雄複雌群で生活し，18 頭（1988 年 1 月）〜19 頭（1988 年 8 月〜1990 年 11 月）で，3 つのはっきりしたサブグループに分かれていた．このウマを個体識別し，さまざまな行動型を記載したうえで，個体間関係を記録した．日中の 9 時間の間，20 分ごとに最短距離にいる個体を最近接個体として記録した．そのうえで，グルーミングや攻撃を記録し，グルーミングと順位関係を明らかにした．

データセット
- [調査地] ユルリ島（北海道）
- [対象種] ウマ (*Equus caballus*)
- [観察期間，日数，時間] 1988 年 1 月と 8 月，1990 年 5 月と 11 月（16 日間 144 時間）
- [観察法] スキャン（近接），全生起（社会交渉）
- [記録法] 瞬間（近接），連続（社会交渉）

結果と考察

　威嚇行動から判定した優劣関係では，雌には直線的な順位関係があり，高齢な個体ほど順位が高くなる傾向があった．グルーミングの頻度は，母子，同齢や近齢個体（兄弟姉妹を含む），同齢または近齢個体の母親でよく起こっていた．これらから血縁や幼少期のスキンシップ経験などに基づく基礎的な結びつきの存在が予想された．優位雌は限られた雌とグルーミングを行っていたが，劣位雌はさまざまな雌とグルーミングを行っていた．順位が近い個体は近くにいることが多かった．しかし，この組み合わせは，グルーミングをする相手とは必ずしも一致しなかった．つまり，グルーミングは主に血縁関係を反映し，近接関係は順位に基づく社会的な結びつきを反映していると考えられた．ニホンジカは母系社会で血縁関係が基礎となった母系の小集団で生活していて，草原などの環境ではこれらの小集団が集合して大きな群れになるが，その中に強いつながりは見られない．これに対して，年間を通して単一の単雄複雌群で生活することが，より複雑で深い関係を生み出すのかもしれない．これらの関係は，安定した単雄複雌群をつくる霊長類と共通の特徴があるのかもしれない．

(3) 研究例38 ── 孤児の親和的関係

　多くのグルーミング交渉は母子間，あるいは姉妹間で起こるのだが，母親を失った孤児，さらには姉妹もいない孤児はどうなるのだろうか．グルーミングが極端に少ないことも考えられる．ここでは，5～7歳のワカモノ雌を，姉妹のいる孤児，姉妹のいない孤児，母親も姉妹もいる個体の3グループに分け活動時間に占めるグルーミングに費やす時間割合と相手数を比較した研究（Yamada et al., 2005）を紹介する．

データセット

- [調査地] 勝山（岡山県）
- [対象種と群れ] ホンドニホンザル（*Macaca fuscata fuscata*）勝山群
- [観察期間，時間] 2009年4月29日～8月17日（104時間）
- [観察法] 個体追跡（オトナ雄7頭，オトナ雌14頭，各約600分）
- [記録法] 連続（1分間隔）3m以内の近接個体：瞬間（30秒間隔）

結果と考察

まず第一にわかったのは，グルーミングをする時間もされる時間も3グループ間で有意差はなかった．では孤児は母親とのグルーミングを誰とグルーミングすることで補っているのだろうか．じつは母親も姉妹もいるワカモノ雌はほとんど姉妹とはグルーミングを行わず，母親とだけグルーミングしていたのに対し，姉妹のいる孤児は姉妹とグルーミングを交わしていることがわかった．他方，姉妹のいない孤児は非血縁者をグルーミングする時間は他の2グループと有意差はなかったものの，非血縁者からグルーミングを受ける時間が有意に長かった．そして姉妹のいない孤児では，グルーミングする相手数は姉妹のいる孤児より有意に多く，グルーミングされる相手数については，他のいずれのグループよりも有意に多いことがわかった．このように母親のみならず姉妹さえいなくなってしまった孤児は，ワカモノのうちから多数の非血縁のオトナや同年齢個体とグルーミングを行うことによって，血縁者のいる個体と同量のグルーミング交渉を交わしていることがわかった．

(4) 研究例39——群れ間の敵対的関係の地域差

最後にニホンザルの群れ間の関係に目を向けてみよう．合計10名の研究者がアドリブで記録していた2個体群のニホンザルの群れ同士の出会い合計213事例を集約，整理し，群れ間関係が個体群間で大きく異なることを明らかにした研究 (Saito *et al*., 1998) を紹介する．研究者が対象としている群れが以下の7タイプの親和的，あるいは敵対的行動を示したか否かをワンゼロで記録した．① (群れ全体の) 突進，② (群れ全体の) 逃走，③ 緊張 (音声，警戒，セルフスクラッチの頻度増加)，④ 対面 (悲鳴や威嚇を2群が相互に向き合って前線を形成している)，⑤ 接触 (異なる群れのメンバー間のグルーミング，社会的遊びなど身体接触を伴う交渉)，⑥ (異なる群れの個体同士の) 攻撃，⑦ ディスプレイス (一方の群れが接近することにより別の群れが緩やかに場所を譲る行動)

データセット1

- [調査地] 金華山 (宮城県)
- [対象種と群れ] ホンドニホンザル (*Macaca fuscata fuscata*) 金華山A, B1, B2群

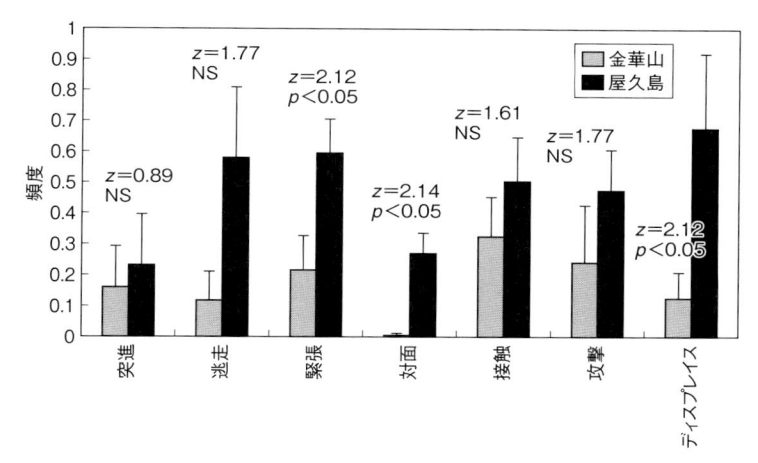

図 5.17 屋久島と金華山，それぞれにおける 7 タイプのニホンザル群間の出会いの観察頻度．検定はマン・ホイットニーの U 検定．(Saito et al., 1998 の Fig. 1 を改変)

- [観察期間] 1983〜1995 年
- [観察法] アドリブ
- [記録法] ワンゼロ

データセット 2
- [調査地] 屋久島低地林（鹿児島県）
- [対象種と群れ] ヤクシマザル（*Macaca fuscata yakui*) P, T, M, G, C, H, NA 群
- [観察期間] 1981〜1995 年
- [観察法] アドリブ
- [記録法] ワンゼロ

結果と考察

図 5.17 は，群れ同士の出会いで観察された 7 タイプの行動の頻度を個体群間で比較した．いずれの行動も金華山のサルに比べ屋久島のサルで高かったが，緊張や敵対的行動（対面，ディスプレイス）では有意差が認められた．参与個体の性，季節に分けて分析したところ，交尾期における雄の参与でとくに大きな差が認められたことから，屋久島の群れ間関係がより敵対的なのは群れ雄による発情雌の防衛の側面が強いことが示唆された．

6 繁殖

6.1 求愛・交尾

　雌は大きいが少数の配偶子を，雄は小さいが多数の配偶子をつくる性である．大きな配偶子をつくる雌は成熟した配偶子をつくるのに時間がかかること，さらに哺乳類では育児の負担は母親が背負わざるをえないことも相まって，配偶子の数のみならず繁殖可能な個体の数は雄に比べて雌が圧倒的に少ない．この数のアンバランスから，一般に動物の雄は限定資源である雌をめぐって争い，他方，数の少ない雌は雄を選ぶ余裕が出てくるといわれている．また，同じ理由で雄は雌と比べ数多くの子供をつくれるため子供の数を重視するのに対し，雌が質のよい子供を産み育てるため，自身の栄養状態に気を配り採食を重視する性であるともいわれている．

　よって，雄の優劣，あるいは順位は，雄にとっての最重要資源である発情雌をめぐっての雄間競争の場面で強く働くと考えられる．つまり高順位雄には，雌への接近優先権があるため，多くの交尾を行っていることは容易に予想でき，予想を裏づける結果も数多く得られてきた．ただ実際に子供をつくれているかどうかは長年不明であった．しかし，1980年代に入るとDNAを用いて父子判定が可能になり，さらにはPCRという遺伝子増幅技術の進歩により，捕獲して血液を採集することなく，糞，尿，体毛，精液などいわゆる非侵襲的手法で得られたわずかのDNAからでも解析が可能になり，野生動物への適用が一気に広まった．

(1) 研究例40——交尾期に特有なさまざまな行動

　交尾期にのみ雄が雌を囲い込んで一時的に両性からなる群れをつくるニホンジカでは，その時期に求愛・繁殖に関わる非常に多くの種類の行動が見られる．たとえば，交尾期に雄同士の競争が激しくなり，さまざまなディスプレイ行動

や攻撃行動が見られるようになり，疎林で生活するニホンジカではその勝者が縄張りをもつ．また，発声も活発になり，交尾期特有の音声も存在する．この時期のニホンジカの行動の類型とそれが年齢や社会的地位によってどのように異なるかを示した研究（Miura, 1984）を紹介する．この研究はその後の交尾期のニホンジカの行動目録の標準として使われている．

データセット
- [調査地] 奈良公園（奈良県）
- [対象種] ホンシュウジカ（*Cervus nippon centralis*）
- [観察期間] 1977～1979年
- [観察法] 行動（ルート踏査），個体追跡
- [記録法] 連続

結果と考察

　縄張りを持つ雄の行動圏はほとんど重ならず，縄張りを持たない雄の行動圏は互いに大きく重複していた．16種類の雄間の行動が記載され，優位行動，コンタクト行動，劣位行動の3つに分類された．優位行動には，攻撃的な接近，鼻を上げて息を吐き出すディスプレイ（ヘッドアップディスプレイ），実際の攻撃直前に行われる角を下げたディスプレイ（ヘッドダウンディスプレイ），直接的な追いかけ，蹴りや前足で地面を強くたたく行動があった．コンタクト行動には，前足で地面をかいたり，角で地面や茂みをかく行動，ライバルと並行に歩く行動，角と角を絡み合わせて全身の力で押したりひねったりして相手をねじ伏せる行動などが見られた．角を弱く当てる行動，角を絡み合わせて押し合う行動も，コンタクト行動ではあるが，これらは発情した優位な雄はほとんど行わず，若い雄が行う行動であった．劣位的な行動には，優位な雄に攻撃的行動を受けたときに，自己グルーミングをしたり採食行動をするなどの転移的な行動，動作をすべてやめてフリーズする，歩いて去る，走って逃げるなどの行動があった．優位行動のほとんどは縄張り雄に見られ，縄張り雄はほとんど劣位行動を行わなかった．13種類の雄から雌への性的な行動も記載された．この中には，さまざまな接近行動で構成される接近段階，より強いディスプレイや追いかけ行動による囲い込み段階，雌の体や尿のにおいをかぐ段階，雌の腰に

140

首を乗せたりマウンティングする段階があり，最終的に交尾に至る．このような行動の連鎖は，とくに縄張り雄では多くの場合この順で起こるが，若い個体ではいくつかの段階が省略されることがあった．縄張り雄は非縄張り雄よりも有意に交尾に成功していた．さらに，このほかに，3種類のにおい付け行動が記載された．におい付け行動は縄張りを持たない個体よりも高い比率で縄張り雄に見られた．また，におい付け行動は8月から始まり，性的な行動が活発になる時期よりも早い時期から見られ，縄張りの形成と関係していることが示唆された．6種類の雄の発情時の音声も記載され，このうち5種類の音声は先に紹介した研究例34（Minami and Kawamichi, 1992）と共通していたが，1種類は鼻を上げるディスプレイの際に出される息を吹き出す音であった．

この研究によって，ニホンジカの交尾期の行動が頻度とともに詳細に記載され，多くの調査地でこの類型をもとに記録をとることで，さまざまな地域の発情時の行動の比較が可能となった．このように，行動を類型化して行動目録を作成することは，地域間での比較可能な共通の言語をつくることになるので，その後の研究の発展のために重要である．また，この研究で，少なくとも疎林環境ではニホンジカは優位個体が縄張りを持つこと，縄張り雄が交尾に至ることがもっとも多いことなどが記載された．

(2) 研究例41――雄の交尾成功：雄間競争

単独生活者であるクリハラリスにおいても順位と交尾成功の関係が研究されている（図6.1）．給餌台に訪れた際やルート踏査中に見られた追いかけ行動から判明した順位と，複数の雄が雌の発情に集まって順番に交尾する行動（交尾騒動）に参加する個体との関係が調べられた（Tamura *et al.*, 1988）．

データセット

- [調査地] 鎌倉市（神奈川県）
- [対象種] クリハラリス（*Callosciurus erythraeus thaiwanensis*）
- [観察期間，日数，時間] 1983年4月～1984年3月（最低週1回1日4回ルート踏査），1983年（41日間），1984年（36日間），1985年（37日間），（1日2～10時間，給餌台での定点観察）
- [観察法] 行動（ルート踏査），ソシオメトリック・マトリックス（順位）

図 6.1　交尾すべく雌（左）に接近するクリハラリスの雄．（山本成三氏撮影）

● [記録法] 連続

結果と考察

　給餌台には 1 回に最大で 9 個体が集まった．集まったリスたちは通常およそ 5 秒間互いににらみ合うが，その後，餌を獲得すべく一方が他方を追い払う．表 6.1 は，1985 年に見られたこうした敵対的行動の勝敗をまとめたソシオメトリック・マトリックス，つまり星取表である．個体によって勝率は，3～95％ と大きく異なった．優位個体が劣位個体に追い払われることはめったになく，こうした順位序列と異なる方向の交渉は 15％ で，その 65％ は異性間で起こっていた．このように他の 2 年も含めいずれの年でも，両性を含むリス間の直線的な順位関係が見られた．年齢が高くなるほど，高い順位になる傾向が見られた．個体の成長に伴って，順位が上昇することも確認された．また，この給餌台で見られた順位は，ルート踏査中に観察された順位とほとんどが一致していた．

　ルート踏査では 13 個体の雌について合計 19 回の交尾騒動を観察した．集まる雄は平均して 12 頭で，実際に雌を独占することができた雄は平均で 8 頭程度であった．1 頭の雄が雌を独占できる時間は平均 26 分であった．最初に交尾できる雄は高年齢個体が多かった．

　他のリスでは，高順位の雄が長時間雌を独占し続け，劣位個体を追い払い続ける．クリハラリスでは，次々と雄が入れ替わっていく．これは，第 4 章研究例 3 で紹介したように，他のリスよりも雌の行動圏に重なっている雄の数が多

表6.1 クリハラリスの給餌台における星取表.

性	敗者	WB	CRB	R	—	KI	B	w	BW	Y2	C2	M	R2	AW	TA	cb	勝率%	年齢(年)
雄	WB																100	>3
雌	CRB			1													95	>3
雄	R	2	2			1				1							74	>3
雄	—	1		1		1				5							71	>3
雄	KI	3		3			1			1							64	>3
雌	B	3	2	3		2		4			1	1					61	2
雌	w	9	6			2							1				56	2
雌	BW	3															50	>3
雌	Y2	3		2			2	2					2				50	>3
雌	C2	3	2		2	2	8	5	1	1		2					35	2
雄	M	1	4	1	1	1		5		1	2			3			34	>3
雄	R2	2		2	2	2		3			4						26	>3
雄	AW		1	3	8	3	6	1		1		2	2		1		22	1
雄	TA	4	1		3		5	2	2	2	3	4	1	2			3	1
雌	cb	4	1	2		1	1	1		1	2	1					0	<1

(Tamura et al., 1988 の Table 1 を改変)

いことから生じる,発情雌に対する発情雄の数(実効性比)が非常に多いことと関係している可能性が述べられている.

多くの雄が襲来する中で,雌を独占し続けるコストは,自分の遺伝子を残す確率に見合わないのかもしれない.それよりも,次に発情する他の雌との交尾チャンスを探すほうが得策で,実際にひとつの交尾騒動で順位が高く最初のほうに交尾した雄は,他の交尾騒動でも最初のほうに交尾をしていた.これらの父子判定はまだ行われていないが,このような交尾騒動が誰にとって利益になっているのかは興味深い.そして,このような複数雄との交尾は,雌にとってどのような利点があるのだろうか.妊娠率の向上や,父性の攪乱,よい配偶子を得るなどの利益が考えられているが,その証明の多くは難しい.またそれぞれの種によって雌の利害は異なっているだろう.このような実際の観察が,実験的手法やDNAによる父子判定と合わせて,多くの理論的可能性を検証する手がかりになることを強調したい.

(3) 研究例42──雄の繁殖成功:雄間競争

高順位雄の交尾の優先権は,実際には繁殖成功にどの程度結びつくのだろう

か．非侵襲的試料から抽出した DNA を用いて，父子判定を初めて野生ニホンザルに適用した研究（Soltis *et al*., 2001）を紹介する．

データセット
- [調査地] 屋久島低地林（鹿児島県）
- [対象種と群れ] ヤクシマザル（*Macaca fuscata yakui*）NA 群
- [観察期間，時間] 1997 年 9 月 27 日～12 月 11 日（198.72 時間）
- [観察法] 個体追跡（発情雌 12 頭，合計平均 16.56 時間／雌）
- [記録法] 連続

結果と考察

まず初めに，雄の順位と射精に至った交尾の回数，および残した子供の数を調べた．交尾期途中で第 1 位雄と第 2 位雄の順位が逆転したり，第 3～5 位の順位が不安定であったりはしたが，全体としてはいずれも順位と正の相関が認められた．図 6.2 は，1 日の発情雌の数によって追跡個体の雌が交尾した雄の数や，雄の平均順位がどのように違うかを示したものであるが，発情雌が多くなるほど，交尾する雄の数が増え，その平均順位が下がっている傾向がうかがえる．つまり，発情雌が少ない日は高順位雄の交尾の優先権が機能するが，多

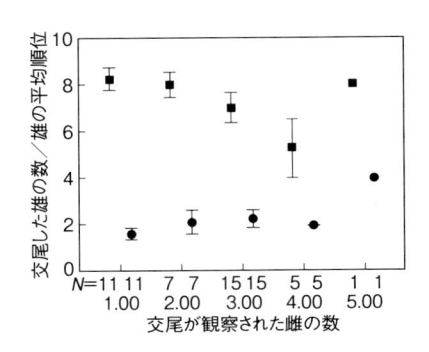

図 6.2 屋久島のニホンザルにおいて交尾が観察された雌の数が 1～5 頭のそれぞれの日における個体追跡した雌と交尾した雄の数（●）とその順位（■）．この順位の値は大きい（10 に近い）ほど，高順位であることを示している．（Soltis *et al*., 2001 の Fig. 2 を改変）

くなると独占的に交尾しきれず，低順位雄にも交尾のチャンスが増えているのである．

(4) 研究例43——雄の繁殖成功：雄の生涯繁殖成功の解明に向けて

雄の繁殖成功の研究はニホンジカにおいて長期間にわたり行われている．1989年から宮城県金華山島の黄金山神社周辺の個体群がすべて個体識別され，その交尾行動が研究されている（図6.3）．研究は現在も継続中でまだ未発表のものも多いが，発表されている研究（Minami *et al.*, 2009a, 2009b；岡田，2008）を紹介する．縄張りをもった個体が交尾する可能性が高いので，複数の縄張り個体にそれぞれ観察者が張りつき，その個体を日中ずっと個体追跡して，発情行動を秒単位で記録しながら交尾関係を確認した．同時に，別の観察者が調査地内を歩き回って交尾がないかを調べた．さらに，交尾をした雄と雌，生まれた子供を捕獲し，体重測定後，血液や体毛や耳の組織を採取し，DNAを抽出して父子判定を行った．

データセット
- [調査地] 金華山（宮城県）
- [対象種] ホンシュウジカ（*Cervus nippon centralis*）
- [観察期間] 1989〜2005年
- [観察法] 個体追跡，アドリブ
- [記録法] 連続

結果と考察

調査地内で起こった交尾結果から，複数の雌が複数の雄と交尾をする乱婚であったこと，全雄の20％しかいない縄張りを持った雄がその多くを独占していること（図6.4），雄は交尾前から交尾後も交尾した雌を防衛（配偶者防衛）していることなどがわかった．さらに，縄張り雄，非縄張り優位雄，劣位雄は，この順に有意に体重が重かった．

実際に誰が子供を残しているかを調べたところ，やはり60％は縄張り雄の子供が生まれていた．しかし，それでも25％は劣位雄というもっとも弱いカテゴリーの雄が子供を残していた．また，交尾回数の比率は縄張り雄が50％，

図 6.3　雌にマウンティングする金華山のニホンジカの縄張り雄．この後，交尾が起こった．（南正人撮影）

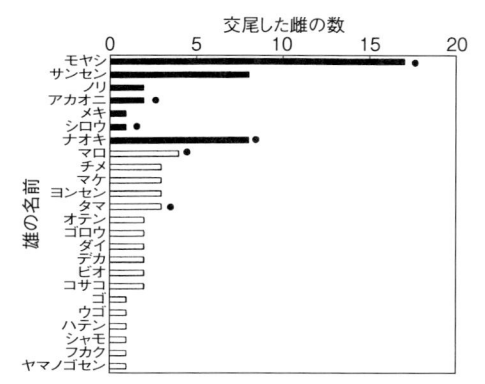

図 6.4　金華山のニホンジカの 1990 年の雄の繁殖成績．1990 年に交尾したことが確認された縄張り雄（黒）と劣位雄（白）について，交尾した雌の数が示されている．●で示したのは翌年生まれた子の中にその雄の子が確認された個体．（岡田，2008 の図 10.4 を改変）

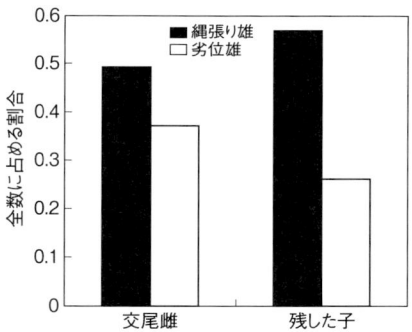

図 6.5　金華山のニホンジカの縄張り雄と劣位雄の 8 年間の交尾雌数と残した子の比較．縄張り雄（黒）と劣位雄（白）について，交尾雌に占める割合と，父親が判定できた子の数全体に対する残した子の割合を示す．非縄張り優位雄を含めていないので，総計が 1 にはならない．（岡田，2008 の図 10.5 より改変）

劣位雄が 40% 弱だったので，劣位雄は交尾回数の割には子供を残せていない（図 6.5）．これは，劣位雄が，雌が妊娠するタイミングでの交尾ができていない可能性を示唆している．配偶行動の戦術は，ライバル雄は何個体いるのか，発情可能な雌はその日に何個体いるのかによって，最適な行動が異なる．そうすると，観察者は特定個体を追跡しながらも，同時にそのような周囲の情報を得る必要がある．そのために，個体追跡と併せてスキャンサンプリングなどを

行いながら，周囲の状態をモニタリングする必要が生まれてくる．

さらに，この研究からは，それぞれの個体の生涯繁殖成功度に関する知見が得られ始めている．雄の生涯繁殖成功度については，すべての父親候補や子供と母親のDNAサンプルを集めて父子判定をしなくてはならないので，非常に難しい．しかし，雌については，出産と育児を確認することができれば生涯繁殖成功度を得ることができる．シカ類では，1歳まで生き残った子供を生涯でどれだけ残せたかを指標としているが，金華山のニホンジカでは，この研究を通じてもっとも多く残した母親で5頭の子供を残していたことがわかった．また，このように生涯繁殖成功度の高い個体は，老齢まで生存し，死ぬ直前まで出産を続けた個体であることがわかった．金華山では，栄養状態が悪く，初産年齢も高く，隔年出産をしており，栄養状態のよい個体群ではもっと高いと思われる．他地域での結果が出てくると，個体間の競争の問題とその個体群の生息環境の関係などが総合的に議論できるようになるだろう．

(5) 研究例44——配偶者防衛

金華山のニホンジカでは交尾前から交尾後も，強い雄は約24時間とされる雌の発情時間中は交尾相手を他の雄から防衛していた．九州の野崎島のニホンジカでも，金華山と同様の乱婚的交尾関係が確認された．ここでは，金華山と違って交尾前の配偶者防衛ははっきりしないが，金華山と同様に交尾後の防衛を行っていた野崎島での研究を紹介する (Endo and Doi, 2002)．この島でも，多くの雄や雌が個体識別され，雄についての順位も判定されていた．交尾が起こったら，その個体を識別すると同時に，射精に至るまでのマウンティングの回数や雄による交尾後の交尾相手の防衛時間が計測された．

データセット
- [調査地] 野崎島（長崎県）
- [対象種] キュウシュウジカ（*Cervus nippon nippon*）
- [観察期間，時間] 1990年10月（150時間），1991年10月（250時間），1993年10月（54時間）
- [観察法] 全生起（定点）
- [記録法] 連続

結果と考察

交尾後の防衛は，より強い雄によって追い払われたり，雌が逃げ出したり，弱い雄によるこそ泥的交尾（スニーキング）を受けたりして終わった．3年間に雄27頭，雌22頭について合計38回の交尾を観察して，優位雄と劣位雄とでは，交尾後の防衛時間は優位雄のほうが有意に長く，また，射精に至るまでのマウンティング回数も有意に多かった．

落葉広葉樹の多い疎林の金華山では縄張りを防衛する社会構造が，常緑広葉樹が多い野崎島ではうろつき回って雌を探索する社会構造が知られており，発情雌とどのように出会うかという点では両地域差があるかもしれない．しかし，それでも両地域で交尾後の配偶者防衛が見られたことは，ニホンジカの激しい雄間競争と雌の限られた交尾時間という要素は変わらないので，交尾後の資源防衛としての雌防衛は進化的に機能していることを示しているのであろう．金華山では優位雄の子供が交尾している率よりも高かったが，このような配偶者の防衛時間の長さが受精確率に影響するのかもしれない．クリハラリスが交尾後の防衛を長くは行わなかったことと比べると，シカの場合は発情する雌の数が少なく，目の前の交尾した雌を守る重要性が高いのかもしれない．

(6) 研究例45――雄の繁殖成功：雌の選択

ニホンザルにおいて，高順位雄の雌への接近の優先権が繁殖成功に結びつかないという研究例（Inoue and Takenaka, 2008）を紹介する．ニホンザルの体毛からDNAを抽出し，父子判定を行い父親を明らかにしたうえで，雄の繁殖成功を従属変数とし，これに影響を及ぼしそうな要因として，順位の他に年齢と群れにおける滞在期間を独立変数として変数選択重回帰分析を行った．

データセット
- [調査地] 嵐山（京都府）
- [対象種と群れ] ホンドニホンザル（*Macaca fuscata fuscata*）E群
- [観察期間，時間] 2002年9月22日〜2003年3月6日（201時間35分）
- [観察法] 個体追跡（発情雌12頭，2時間／日・個体で交代，合計平均9.5日／雌）
- [記録法] 連続

結果と考察

順位，滞在期間，年齢いずれも繁殖成功に統計的に有意な影響を及ぼしたのであるが，順位の低い，滞在期間の短い，若い雄ほど繁殖成功が高かった．オトナ雄の中でこれら3つの変数の中でもっとも大きな影響を及ぼしたのは，滞在期間であった．さらに興味深いのはこの結果に影響を及ぼしたであろう交尾のタイミングである．まず出産日から野生ニホンザルの平均妊娠期間176日をさかのぼって受胎の起こった発情サイクルを推定した．さらに排卵後1週間以内で発情はおさまることから，当該サイクルにおける発情の終わりから1週間を推定受胎期として，それ以外の受胎の可能性の低い期間と交尾した雄を比較してみた．その結果，順位が高くて滞在期間が長い年長の群れの中心部にいる雄は，受胎の可能性の低い期間では交尾が観察されるものの，推定受胎期では交尾がいっさい観察されていなかったのである．繁殖成功には高順位雄の雌への優先権よりも雌がどのような雄を好むかが強く働いた結果だと考えられた．ただし，嵐山E群は餌付け群であることから，雄の滞在期間が非常に長く，群れの中心の雄は2頭を除き13〜17年であり，その影響が強く出たと考えられる．残る2頭はじつは性成熟後も生まれた群れに居続けている雄なので，同じ影響が考えられるのだが，この2頭は7歳，11歳と若いためか，それぞれ1頭ずつのアカンボウの父親であった．

(7) 研究例46——性ホルモンによる排卵日の推定

近年，野外におけるホルモン計測技術が進展したことにより，前述の出産日から平均妊娠期間を逆算する方法ではなく，直接受胎日の推定が可能となった．具体的には，糞中のエストロゲンの代謝産物エストロン抱合体とプロゲステロン代謝産物プレグナンジオール抱合体の動態から推定される．ここでは，金華山の野生ニホンザルの全オトナ雌の顔の赤さの程度，オトナ雄との交尾の有無，膣への精液の付着の有無を毎日記録するとともに，糞を採取して，これらと推定受胎日との関係を調べた研究を紹介する (Fujita *et al.*, 2004)．顔の赤さは5段階の色見本をもとに2名の観察者が判定し，平均して求めた．

データセット
● [調査地] 金華山（宮城県）

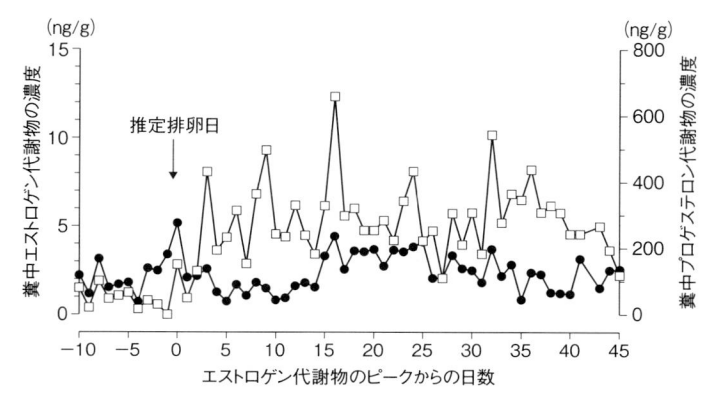

図 6.6 受胎したニホンザル雌における糞中エストロゲン代謝物（エストロン抱合体：●）とプロゲステロン代謝物（プレグナンジオール抱合体：□）の動態．それぞれのホルモン濃度は 8 頭の雌の平均値を表す．（藤田，2008 の図 3.3 を改変）

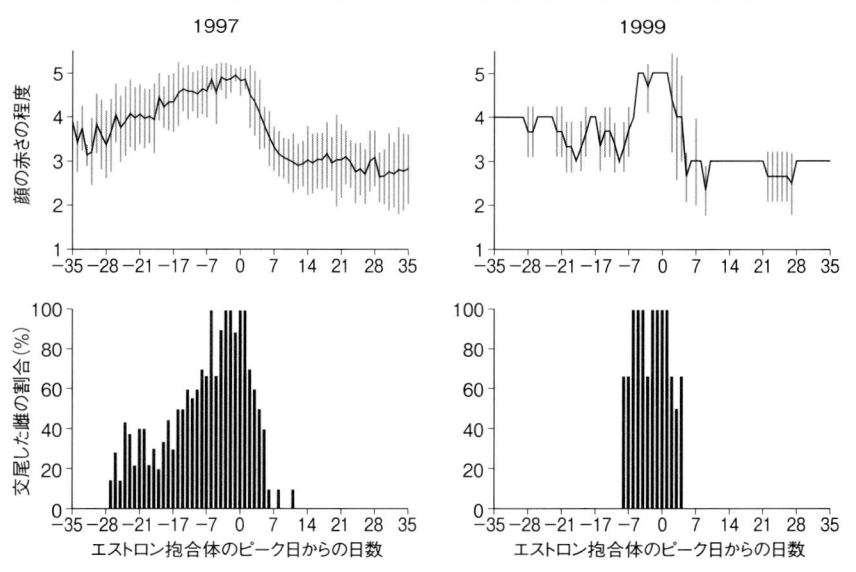

図 6.7 1997 年（左）と 1999 年（右）における，金華山のニホンザルの顔の赤さの程度（上）と交尾があったと判断される雌の割合（下）のホルモン動態との関係．ホルモン動態は，エストロン抱合体がピークを示した日をゼロ日でそろえて示している．（Fujita et al., 2004 の Fig. 1 を改変）

- [対象種と群れ] ホンドニホンザル（*Macaca fuscata fuscata*）A 群
- [観察期間] 1997 年 9 月 25 日〜12 月 13 日，1999 年 9 月 30 日〜12 月 20 日
- [観察法] 個体追跡（全オトナ雌），アドリブ

●[記録法] ワンゼロ

結果と考察

　図 6.6 は，1997 年に受胎した雌 8 頭のそれぞれの動態を，エストロン抱合体のピークが認められた日をゼロ日に合わせて表している．糞に排泄されたエストロン抱合体がピークを示す日が排卵日と推定される．ちなみに，受胎が認められなかった場合は，プレグナンジオール抱合体の値はすぐに低下する．こうして受胎日の推定ができ，かつ出産日も特定できた合計 9 頭の推定妊娠期間は，176.3±7.1 日であった．

　図 6.7 は，顔の赤さの程度，ならびに行動あるいは精液の付着から交尾があったと判断された雌の割合を，やはりエストロン抱合体のピークが認められた日をゼロ日で合わせて，年ごとに表した．いずれの年でも，推定排卵日をピークとし，排卵周期にわたって両者は同調していることがわかる．このことは，雌の顔の赤さが排卵の信号として機能していることを示唆している．また，1997 年には排卵日から 12 日後以降，1999 年には 5 日後以降は交尾が認められた雌がいなかった．じつはニホンザルではこれまで受胎後の発情という現象が飼育群，餌付け群，そして屋久島野生群で広く知られていたのだが，この結果はそれを否定するものである．著者らによれば，推定受胎日後の採食時間割合は 46.3％ であるのに対し，推定受胎日前は 23.6％ と制限されるため，金華山島のような食物環境の厳しいところに生息するニホンザルにとってはコストが非常に高いため，受胎後の発情という現象が認められないのだという．

6.2　出産，育児，および子供の発達

　交尾を通じて受胎した哺乳類の雌は，種ごとに異なる一定の妊娠期間を経てやがて出産を迎える．その後，母乳で育てられ，やはり種ごとに異なる一定の授乳期間後離乳する．ここまでがアカンボウと呼ばれるが，その後も性成熟を迎えるまではコドモ期として母親のもとにとどまり，保護を受ける．この間，子供は身体の成長に伴って，行動的にも成長を遂げていく．

(1) 研究例 47——出産

　昼行性のニホンザルのような動物であっても出産は通常，夜間に行われることが多い．よって，いくら至近距離で長時間観察していてもめったに観察されることはない．ここでは，稀にしか観察されない行動観察の事例研究として，非常に珍しく日中に起こったニホンザルの出産の様子をボイスレコーダーに口述記録して報告した研究（中道ほか，2004）を紹介する．

データセット
- [調査地] 勝山（岡山県）
- [対象種と群れ] ホンドニホンザル（*Macaca fuscata fuscata*）勝山群
- [観察期間と時間] 2003 年 5 月 29 日（9 時 50 分〜16 時 40 分）
- [観察法] 個体追跡
- [記録法] 連続

結果と考察
　1995 年生まれで 8 歳になる中順位家系に属する雌（個体名：$F95Barisa7185$，略称 Bs）が，9 時 50 分ごろ 1 頭で低木の日陰で伏臥の姿勢でいるところを発見．10 時 50 分から 11 時の間（出産前 2 時間強）に，伏臥の姿勢から背中をアーチ状にする陣痛姿勢を初めて記録．13 時 7 分の出産に至るまでの間に，合計 39 回，平均持続時間約 23 秒の陣痛が起こるが，出産が近づくにつれその間隔は短く，持続時間は長くなった．11 時 41 分（出産前 86 分）に陰部を手で触る行動を初めて記録．出産までに合計 19 回観察され，出産直前 30 分に 16 回が起こり，うち 10 回では陰部を接触した手を舐めた．また，出産までの移動は 5 回で距離にして約 15 m．出産直後，母親は子供，自分の手，出産場所の血のついた木の幹と草の葉を次々に舐め続けた．出産後 25 分経過して，右手で胎盤を引っ張り出した．その後，2 分 35 秒後から 6 分 25 秒の間に胎盤を食べる．分娩から 37 分経過した時点で初めて子供が母親の乳首をくわえているのを確認．ここで 50 m ほど群れに近づく方向での移動が見られ，草の葉を 7 分間にもわたって採食．出産後 61 分経過して，子供の頭を 10 秒間グルーミング．しかし，出産後およそ 2 時間を経過するまでは，母親の周囲 20〜30 m 以内には

ほとんど誰もいない状態が続いた．

　夜間出産は，群れが定常状態にあり，完全に孤立せずに出産することを可能にするメリットがある．それと同時に，出産時の出血や胎盤を放置せず，食べたり舐め取ったりすることで，捕食者の接近を未然に防いでいるのだと考えられた．

(2) 研究例 48 —— 授乳の推定

　ニホンザルのアカンボウが，母親に抱かれている姿はある程度遠くからでも観察できる．双眼鏡を使えば，うまくいけばアカンボウが乳首をくわえているのもわかる．この乳首接触時間をアカンボウ側からいえば吸乳時間，母親側からいえば授乳時間の代替尺度として用いることが多いが，人間のアカンボウが乳首をくわえているのを見たことがあれば，あくまでも代替尺度にすぎないことに気づくだろう．乳首をくわえていたとしても吸っていないこともあるからだ．授乳経験者でなければ気づくことはないかもしれないが，未経験者でも吸ってはいても母乳が出ているとは限らないことは想像はできるだろう．こうしたいくつもの難関を，なんと 30 cm の距離から観察し，途中からはビデオカメラを導入して突破し，真の吸乳，授乳時間，さらにはその期間を明らかにした研究（Tanaka, 1992）を紹介する．

データセット
- [調査地] 志賀高原地獄谷（長野県）
- [対象種と群れ] ホンドニホンザル（*Macaca fuscata fuscata*）志賀 A-1 群
- [観察期間，時間] 1984 年 4 月〜1990 年 12 月（201 時間 35 分）
- [観察法] 個体追跡（母親とアカンボウ 44 ペア，合計 412 時間）
- [記録法] 連続

結果と考察

　単位当たりの乳首の吸引回数を数えてみると，1 秒間に平均 1 回だったのだが，授乳の終わり近くになると平均 2 回に上昇し，口の動かし方も大きくなった．これは人間のアカンボウでも知られており，前者では母乳が出ているが (栄養的吸引)，後者では吸ってはいても母乳が枯渇して出ていないのだという．つ

まり，吸引速度の上昇を栄養的吸引の終了の行動的指標として使えるのである．ただし，生後 2 週間までは母乳の枯渇以前にアカンボウが飽食してしまうので，吸引速度の上昇は認められないのだという．さて，いったん吸乳により枯渇した母乳は，再び乳腺から分泌され溜まり始め，しばらくするとアカンボウは栄養的吸引を開始し，また枯渇する．栄養的吸引中も母乳の分泌は続いているので，いったん空になった母乳が次に空になるまでの時間の間に分泌された母乳を，その間の栄養的吸引の時間長で飲み干すわけである．前者の母乳分泌時間，後者の栄養的吸引時間はかなりきれいな正の相関を示した．つまり，授乳の間隔はさまざまなのだが，間が空けばその分母乳も溜まり，栄養的吸引時間も長くなってアカンボウは飲み干して吸引を終える．これは栄養的吸引に限れば吸引速度も安定していることを考慮に入れると，母乳の分泌速度も安定していることを意味し，吸引時間のほぼ 10% の時間で母乳が分泌されているのである．ところが，10% という分泌速度が当てはまるのは生後 5 カ月までのアカンボウで，生後 6 カ月の個体になると分泌速度が半減することがわかった．さらに驚くべきことに，その後は最高 800 日齢近い個体でも同じ分泌速度であった．これらの結果は異なる年齢の個体から得られた結果だったが，同一個体の経時変化を追ってみると，翌年にも出産した個体 3 頭では次のアカンボウの出産まで，翌々年に出産した個体 2 頭では次の妊娠まで，出産間隔が 3 年だった 2 頭では次の子のための月経周期開始直前まで栄養的吸引が起こっていることが確認された．

(3) 研究例 49 ―― 授乳の拒否

　授乳は哺乳類の雌にとって自分の子供を育て，自分の適応度を上げるために重要な行動であるが，それには大きなコストがかかっている．一生の間に複数回の繁殖をする動物では，目の前の子供への投資と将来の繁殖への投資はトレードオフの関係にある．栄養の塊である母乳をつねに求める子供の要求にすべて応じることは，母親にとって次の繁殖機会を失うことになりかねない．そのために，母親は授乳量や授乳回数をコントロールしていることが予想される．そのような観点から，授乳の拒否がいつから起こるかは興味深い．

　秋田県務沢国有林で 7 年にわたってオトナ 150 頭以上のカモシカを個体識別して直接観察を行い，上記と同様に母親も子供も単独で観察されることが夏以

降に増えることを明らかにするだけでなく，併せて授乳行動の変化を明らかにした研究 (Kishimoto, 1989) を紹介する．カモシカと出会うべく山を歩いた時間は，7年間の平均で年930時間，多い年には1540時間にも及んでいる．

データセット
- [調査地] 務沢国有林（秋田県）
- [対象種] ニホンカモシカ（*Capricornis crispus*）
- [観察期間，日数，時間] 1979～1985年（出会い3500頭以上，通常約30分／出会い）
- [観察法] 個体追跡（母子119ペア）
- [記録法] 連続

結果と考察

授乳や授乳拒否の行動は465回観察された．授乳時間の平均は164秒であった．母子ペアの観察中に授乳が観察できた割合は，誕生月に当たる5月には28％程度だったが，その後子供の発達に伴って減少した．8月には母親による授乳拒否の行動が初めて見られた．その後，12月までの間に授乳の観察の割合も，授乳拒否の観察の割合も減少した．

(4) 研究例 50——隠れ型のアカンボウ

カモシカよりは行動観察が容易な奈良公園のニホンジカではもう少し詳細な授乳や育児の研究が行われている．群れ生活を送るニホンジカではあるが，出産は群れと離れたところで起こることが多く，生まれたばかりの子ジカは母親について歩く体力もなく，カモシカの子供のような「追従型」ではなく「隠れ型」で出生初期を過ごす．しかし，やがて自分で採食するようになって，群れの中に入り移動をともにするようになる．その過程を調べた研究を紹介する（井上・川道，1976）．子ジカ4頭を個体識別し，発見時から夜まで10～20m離れて追跡した．

データセット
- [調査地] 奈良公園（奈良県）

- [対象種] ホンシュウジカ (*Cervus nippon centralis*)
- [観察期間, 日数] 1975年5〜11月 (62日間)
- [観察法] 個体追跡
- [記録法] 連続

結果と考察

群れとの関係では，単独生活期（単独で隠れる），移行期（ある時間帯に群れと交わる），群れ生活期（泊まり場で群れと滞在）の3つの時期があることが判明した．

授乳時間が生後2〜3週目に急激に減少し，その後採食が急増することが示された．また，生後6日目で初めて観察された母親による授乳拒否が生後1カ月後には71%（72回中51回）に急増した．著者らはこれらの変化を，単独生活期から群れ生活期への移行の過程と関連づけている．

さらに，この結果からは，できるだけ長く，できるだけ多くの投資を母親から引き出そうとする子供に対して，子供の授乳への依存から自力での採食への移行が母親のイニシアチブで起こることが示されている．繁殖への投資の母親のトレードオフを考えるうえでも重要な観察がされている．

(5) 研究例51──群れ生活者のアカンボウの発達の性差

ニホンザルのアカンボウも，栄養的に母親への依存を弱め，それとともに物理的にも距離を開けるようになり，社会的にも他個体と付き合うようになる．こうした過程の性差を4年間にわたり調べた研究（Nakamichi, 1989）を紹介しておこう．90分をひとつのセッションとし，その間に15頭の子供をできるだけ全頭1分間連続追跡するという手法で，生後数カ月から4歳になるまでデータを収集した．

データセット

- [調査地] 淡路島（兵庫県）
- [対象種と群れ] ホンドニホンザル (*Macaca fuscata fuscata*) 淡路島群
- [観察期間, 日数, 時間] 1981年6〜8月，1981年11月〜1982年8月，1982年11月〜1983年8月，1983年11月〜1984年8月（984時間）

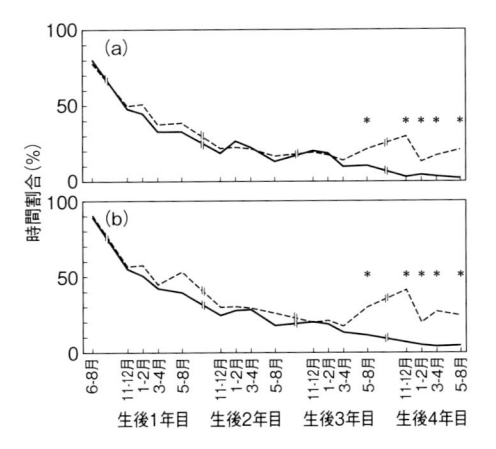

図6.8 勝山のニホンザルにおいて生後数カ月から4歳までのアカンボウが (a) 母親と身体接触のある時間割合と (b) 母親の2m以内にいる時間割合. 実線は雄, 破線は雌. (Nakamichi, 1989のFig. 1を改変)

- [観察法] 個体追跡（アカンボウ15頭）
- [記録法] 連続（1分間，90分を1セッションとしてその間で極力追跡個体15頭のデータを1度）

結果と考察

図6.8は，生後数カ月から4歳までの母親と身体接触のある時間割合 (a)，ならびに母親から2m以内にいる時間割合 (b) を示している．雌雄とも最初は80％を母親にくっついて，90％は2m以内で生活していたが，その割合は徐々に減少し続けた．しかし，3歳になると雄ではその後も減少し続けるのに対し，雌では逆に母子間の距離が近くなり，雌雄間で有意に距離の差が出ることがわかった．雄の子供の「母親離れ」は，雄の子供の母親以外の個体との遊びや採食，移動時の近接を引き起こしていることもわかった（図6.9a, d, e）．ただし，グルーミングについていえば，母親以外に対してのグルーミングには性差はないものの，彼らからのグルーミングは雌の子供のほうが多かった（図6.9b, c）．

(6) 研究例52——単独生活者のアカンボウの発達の性差

ニホンカモシカは，単独生活者であるから，成長に伴う母子間距離の変化は

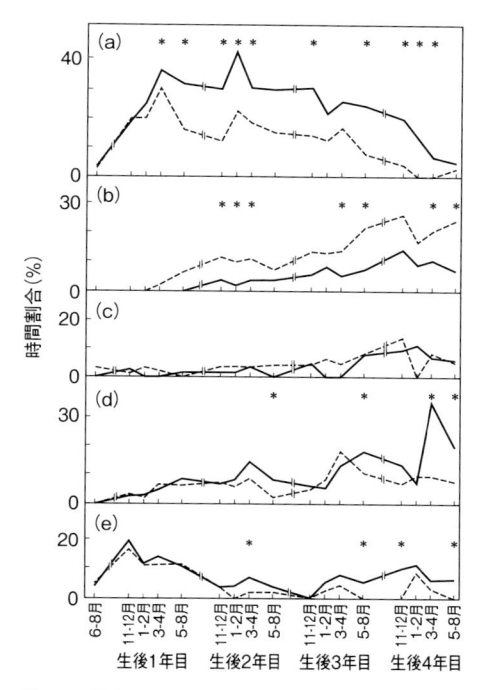

図 6.9 勝山のニホンザルにおいて生後数カ月から 4 歳までのアカンボウが，(a) 母親以外の個体と遊ぶ，(b) 母親以外の個体からグルーミングを受ける，(c) 母親以外の個体にグルーミングをする，(d) 母親以外の個体から 5 m 未満の距離で自然の食物を食べる，(e) 移動する時間割合．実線は雄，破線は雌．(Nakamichi, 1989 の Fig. 8 を改変)

劇的である．また，その変化には母子間，あるいは母親のつがい相手である雄との直接的な交渉も絡んでおり，アカンボウの性によっても異なる点も明らかにした研究 (Ochiai and Susaki, 2007) を紹介する．

データセット
- [調査地] 下北半島南西部 (青森県)
- [対象種] ニホンカモシカ (*Capricornis crispus*)
- [観察期間，日数，時間] 1976〜2005 年 (1132 日，平均 39 日／年，合計 2475 時間)
- [観察法] 個体追跡

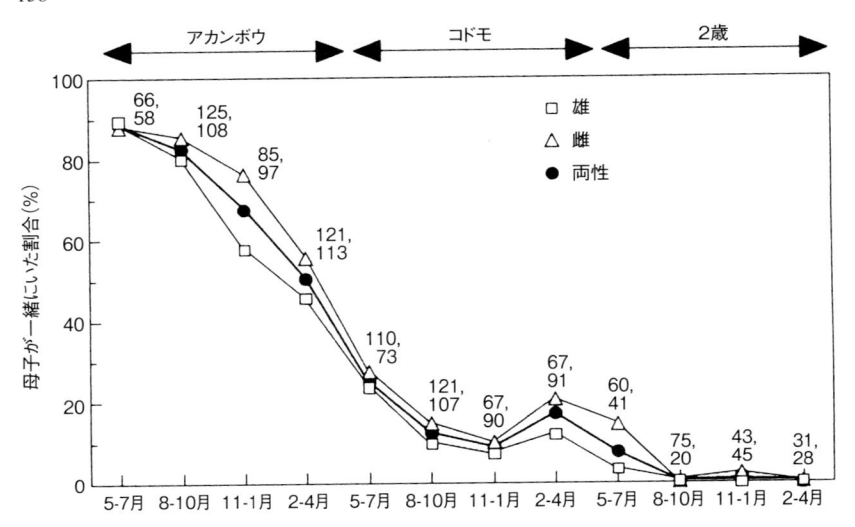

図6.10　下北半島のニホンカモシカが5〜7月に出生後，2歳までの母親と子供が一緒にいた割合の変化．□：雄の子供，△：雌の子供，●両性の平均．グラフ中の数字はサンプル数（雄，雌）．（Ochiai and Susaki, 2007 の Fig. 1 を改変）

●[記録法] 連続

結果と考察

　図6.10は，5〜7月に出生後，2歳までの母親と子供が一緒にいた割合の変化を表している．アカンボウは生まれた年の春から秋までの間は母親とほとんど一緒にいる．生後1年を経過してコドモ期に入ると，一緒にいる割合は9〜25%にまで低下する．さらに2歳の夏になるとほとんど一緒にいることはなくなる．性差についてみると，雌の子供は雄の子供に比べて一緒にいる割合が若干高いが，有意差があるのは生まれた年の11〜1月のみであった．

　表6.2は，子供に対する母親，ならびにそのつがい相手であるオトナ雄の攻撃行動の観察頻度を表している．アカンボウの時期はその性を問わず，オトナから攻撃を受けることはほとんどなかったが，1歳になりコドモ期に入ると，とくに雄の子供に対する追いかけ，角突きといった攻撃行動が急激に高まった．子供が2歳になると，雄の子供に対する行動について母とオトナ雄間での違いが顕著になり，母親からの攻撃が減少に転じる一方で，オトナ雄からの攻撃は

表6.2 ニホンカモシカの子供に対する母親，およびオトナ雄の攻撃行動の観察頻度．

個体の組み合わせ	子供の年齢（歳）		
	0	1	2〜3
雄の子供-母親	0.0 (267)	41.3 (46)	11.1 (9)
雄の子供-オトナ雄	2.2 (45)	52.4 (42)	62.5 (24)
雌の子供-母親	0.0 (285)	18.4 (76)	20.0 (15)
雌の子供-オトナ雄	0.0 (27)	11.8 (17)	3.1 (32)

分散前の子供と母親，および母親のつがい相手で分散前の子供と行動圏が重複するオトナ雄との間で観察された個体間交渉のうち，攻撃行動が示された交渉の割合（%）を示す．攻撃行動は追いかけ，角突き，角突き合いに，子供による一方的な逃走を含む．（　）内は観察された個体間交渉の例数．（落合，2008の表6.4を改変）

さらに増加した．前者は母親への接近頻度が減ることによっているのに対し，後者はオトナ雄がより積極的に雄の子供に攻撃した結果と考えられた．よって，雄の子供の分散には交尾相手をめぐる雄間競争が働いていると考えられた．他方，雌の子供に対しては，2歳以降になるとオトナ雄からの攻撃がかなり低くなっているが，もう一方で性行動が増加していることがわかっている．

7 異種間関係

　動物は同所的にすんでいる異種の生物と直接的，間接的に影響を及ぼし合いながら生活している．異種間関係には，通常，わかりやすいために2種間の直接的な関係に還元させ，同所的に生息する2種が互いの存在によって直接的に利益を受けるか，不利益を被るかに着目して，以下のように類型化される．いずれの種も不利益を被る競争関係，一方の種（捕食者・寄生者）にとっては利益となるが，他方の種（被食者・被寄生者）にとっては不利益となる捕食・被食，あるいは寄生・被寄生関係，一方の種にとっては利益となるがもう一方の種にとっては利益でも不利益でもない片利共生関係，いずれの種も利益を受ける相利共生関係．本章では，こうした異種間関係について，行動観察を通じて調査した研究を紹介する．

7.1 種間競争関係と捕食・被食関係

　第4章4.3節では，食物をめぐる同種他個体間の競争，第6章6.1節では雌をめぐる雄間の競争について触れたが，資源をめぐる競争は種間でも起こりうる．異種間の場合，争うべき資源が雌となることはないので，それは食物や水，生活空間である．また，同じく第4章4.3節で扱った採食行動は，動物がその食べる生物との関係，つまり捕食・被食関係を調べたことにもなっているのだが，ここでは哺乳動物が食べられる側である捕食・被食関係について取り上げる．

(1) 研究例53——種間干渉

　近年急速に分布を拡大しているニホンジカが，これまでニホンカモシカしか生息していなかった地域にも進出している．食物が異なっているので，直接的な資源競争がどこまで起こっているかはわからない．しかし，そこで何が起こっ

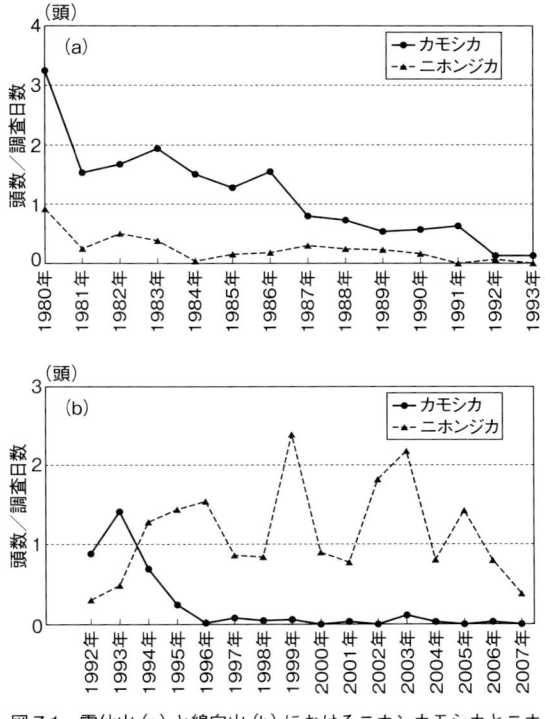

図 7.1 霊仙山 (a) と綿向山 (b) におけるニホンカモシカとニホンジカの目撃率の変化.（名和，2009『森の賢者カモシカ』の図 90，および図 92 を改変）

ているかについては，さまざまな観点からの調査が必要である．ここでは，28年間にも及ぶ定点からの観察で山の斜面に現れるニホンカモシカを個体識別し，その生態を明らかにしてきた調査から，直接的なニホンカモシカとニホンジカの遭遇例を紹介したい（名和，2009）．

データセット

- [調査地] 霊仙山・綿向山（滋賀県）
- [対象種] ニホンカモシカ（*Capricornis crispus*）
- [観察期間，日数，時間] 1980〜1993 年（合計 1000 日，3804.7 時間：霊仙山），1992〜2008 年（合計 750 日，2197.6 時間：綿向山）
- [観察法] 全生起（定点）

●[記録法] 連続

結果と考察

カモシカの目撃率が減少してニホンジカの目撃率が大きくは変わらない霊仙山（図 7.1a）と，カモシカの目撃率が急減した後はほとんど変わらないがニホンジカの目撃率が増加した綿向山調査地があった（図 7.1b）．

両方の調査地において，20 m 内に両種が接近した 87 例中 9 例で干渉行動があり，20～100 m 以内（1 例）を入れると 10 例の干渉行動があった．カモシカが逃げる 7 例，カモシカが攻撃する 2 例，双方が威嚇して頭で押し合う 1 例であった．個体識別されたカモシカは干渉された後も，同じ場所に戻ってきていた．このように，多くは出会っても非干渉であることが多かった．しかし，直接的には非干渉であっても，カモシカは心理的には影響を受けているかもしれない．

利用空間や食物が競合した場合，直接的な行動だけでなく，避け合う行動も存在するだろう．時間的，空間的な生息状況や食物を含んだ環境要因，食物の確認など詳細な検討が必要である．

(2) 研究例 54 ── モビング

クリハラリスの天敵は，本来の生息地である台湾では数種のヘビと猛禽類である．日本では，このリスを捕食するヘビが台湾よりも少なく，アオダイショウだけである．このリスは，アオダイショウを見つけると集まって防衛行動の一種であるモビングを行う．この危険を伴う行動に誰が参加するのかを調べた研究（Tamura, 1989）を紹介する．個体識別されたクリハラリスのいる調査地を巡回し，モビング行動をしているリスに出会った際に，参加頭数，個体名，各個体の行動，モビング行動の持続時間を記録した．

データセット
●[調査地] 鎌倉市（神奈川県）
●[対象種] クリハラリス（*Callosciurus erythraeus thaiwanensis*）
●[観察期間，日数] 1982 年 4 月～1987 年 11 月（合計 672 日）
●[観察法] 行動（ルート踏査）

●[記録法] 連続

結果と考察

　合計 43 回のモビングに出会ったが，それ以外にぬいぐるみのヘビを提示して，人為的に警戒を起こさせて発生したモビングを 21 回記録した．モビングには，人間でも 100 m 離れて聞こえる悲鳴に似たモビングコールが発声された．この距離は雌の行動圏の長さに相当し，雄の行動圏の半分から 3 分の 1 の長さである．モビングコールによってリスが集まり，接近して騒ぐだけでなく，ときにはヘビのぬいぐるみに攻撃を加えた．それによって，36 回中 15 回はヘビが藪などに逃げた．モビンググループにはオトナ雌が 1 個体しか含まれず，他に数個体の雄や未成熟個体が入っていた．グループの中で，雌は雄よりもより活発にモビングを行った．モビングに集まった個体が多いほど，モビングの継続時間は長く，雌はより長くモビングを続けていた．また，順位の高い個体が，低い個体よりも積極的にモビングを行っていた．モビングコールのプレイバック実験を行ったところ，授乳期と離乳期に雌の行動圏のコアエリアでモビンググループがよく形成された．

　警戒の行動は，ときに自らの命を危険にさらすことになる．それゆえ，血縁個体などが危険にさらされていて，それを助けることで自分の遺伝子が次世代に伝わり（包括適応度が上がり），利他行動である警戒行動やモビング行動が進化するとされてきた．モビングに加わる雌が積極的なのは，自分の子供を守るためであるからだろう．そして，それ以外に雄たちが集まるのは，前述のように，このリスでは多くの個体が高密度下で生息し，乱婚的な交尾関係をつくっていることと関係している．雄たちにとって，多くの個体の父親が自分である可能性がある．父親の可能性が少ない場合でも，ヘビへの直接的な攻撃行動を繰り返すのではなく，モビング行動に加わるだけなら大きな危険には遭遇しない．それなら，加わることに意義があるのだろう．この研究は，生息密度と配偶形態，そしてそこで展開される対捕食者行動が関連していることを見事に示したものであるといえる．実際にこれを証明することは難しいことではあるが，このような関係性を見せてくれる研究が，行動観察とその仮説を検証するための実験（飼育も含めて）で展開されていて，明確な問題設定を持った行動観察の醍醐味を味わわせてくれている．

7.2 花粉散布と種子散布

　動物はまさしく動くことのできる生き物なのでそう呼ばれるのだが，他方，植物は生き物であっても基本的に動けない．しかし，動ける段階が2つある．ひとつが花粉の段階であり，もうひとつが種子の段階である．それらの移動を媒介するのは，風であったり水だったりするのだが，植物種によっては動物が媒介者となってその移動に寄与することが知られている．花粉の場合，もちろん雌蕊まで運搬してもらうことにより繁殖が成立するので，植物にとっての利益が明確である．それに対し，種子が運搬されることの利益は，これと比べれば若干わかりにくい．その利益として，一般に親植物のもとは幼植物の密度が高く競争が激しかったり，同じ理由で捕食圧が高かったりして生存率が低いことが挙げられる．重力だけに頼って親植物の直下に落ちるのはリスクが高い．では，運搬する動物の利益は何だろうか．それはもちろん動物にとって食物となるからである．一般的には，その食物とは，花粉散布の場合は蜜であり，種子散布の場合には果肉である．こうして植物と動物の間に，花粉や種子を介して，双方に利益がある相利共生関係が成立している場合がある．

(1) 研究例55——花粉散布と花破壊

　沖縄に自生するイルカンダというマメ科の植物は，花弁（竜骨弁）が融合し，その中に雄蕊と雌蕊が隠されている．そのため，この竜骨弁を誰かが開かないと（裂開），花粉が媒介されない．そのようなイルカンダとコウモリの関係を明らかにした研究を紹介する（Toyama *et al.*, 2012）．まず，この研究では，オリイオオコウモリがイルカンダの花の竜骨弁を裂開させて蜜を舐め，その際に花粉が首や頭に大量に付着すること，花に取りつく姿勢によっては裂開が起こらないことを室内実験によって確認した．野外では，花粉媒介者としての役割を検討するために調査が行われ，イルカンダの花にくるさまざまな動物（鳥類・哺乳類・昆虫など）の種類と行動が記録された．

データセット
- [調査地] 沖縄本島（沖縄県）
- [対象種] オリイオオコウモリ（*Pteropus dasymallus inopinatus*）

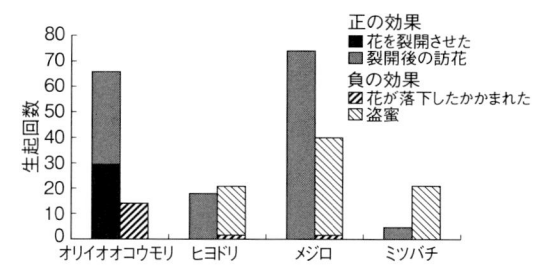

図7.2 イルカンダの花を訪れた動物種と花への影響．左から，オリイオオコウモリ，ヒヨドリ，メジロ，ミツバチ．黒は花の裂開，灰色は裂開した後の訪問，太い斜線は花が落下したかかまれた，細い斜線は盗蜜．(Toyama et al., 2012 の Fig. 4 を改変)

- [観察期間と時間] 2010 年と 2011 年の 3〜4 月（345 時間）
- [観察法] 全生起（定点）
- [記録法] 連続

結果と考察

図 7.2 はイルカンダの花を訪れた動物種とその効果を表している．75 個体のコウモリがイルカンダの花に何回か訪れた．コウモリ以外にもメジロやヒヨドリなどの鳥類やセイヨウミツバチなどの昆虫など 11 種の動物が訪花したが，どの動物も花を裂開させることはなかった．たとえば，ヒヨドリは裂開してからの訪問ばかりで蜜を吸っていた．メジロはコウモリ以上に訪花したが，すべて裂開してからであった．コウモリは裂開前から訪花し，裂開させるだけでなく，多くの花粉を頭部に付着させて運んでいた．一方で，他の種が花を破壊することは少なかったが，コウモリは花をかんだり落としたりして花にダメージを与えることもあった．しかし，イルカンダの花は非常に多く，このようなダメージを負うリスクがあったとしても，このコウモリはイルカンダの花粉散布者としてなくてはならない役割を果たしていると結論づけている．

(2) 研究例 56——種子散布の距離と地形

ニホンザルは食物のかなりの部分を果実に依存している．彼らはドングリなどの堅果は，種子そのものを破壊して食べてしまうが，肉厚な果肉のある液果などの果実は，口に入れても頬袋に一時的に溜め，その後，種子は破壊せずそ

のまま吐き出すか糞として排泄する．こうして種子は果実をつけた親植物のもとから，サルによって散布されることになる．ここでは，ヤクシマザルを個体追跡し，採食樹で果実を採食後，頬袋に蓄えられた種子が吐き出されることを直接観察し，どれくらいの距離散布，さらにはどういう地形に散布されるのかを調べた研究 (Tsujino and Yumoto, 2009) を紹介する．対象とした液果は，初夏に採食されるヤマモモとタブノキ，秋のシロダモ，冬のバリバリノキで，いずれも中に1個の大きな種子が入っている．このうちヤマモモとタブノキは尾根筋に，バリバリノキは谷筋に分布しており，シロダモはとくに地形上の偏りはないことが知られている．

データセット
- [調査地] 屋久島低地林 (鹿児島県)
- [対象種と群れ] ヤクシマザル (*Macaca fuscata yakui*) B群
- [観察期間と時間] 2003年6月，2003年11, 12月，2004年3月 (241.2時間)
- [観察法] 個体追跡 (高順位オトナ雌4頭，高順位オトナ雄4頭)
- [記録法] 瞬間 (2分間隔)

結果と考察

ヤマモモ118個，タブノキ319個，シロダモ444個，バリバリノキ1200個の頬袋散布が観察された．図7.3a〜dは，各樹木種における親木から散布された場所までの直線距離ごとの種子の割合を表している．種を問わず散布された種子のうち40%は，親木の樹冠下と見なされる10 m以内にとどまっていたが，残る60%は親木から離れて散布されていることがわかった．散布距離としては，初夏に利用されるヤマモモとタブノキの種子はそれぞれ16.7 ± 15.0 m, 26.1 ± 40.0 m，冬に利用されるバリバリノキが32.0 ± 39.7 m，秋に利用されるシロダモが41.8 ± 40.1 mと最長であり，この距離の違いはおおむねそれぞれの季節のサルの移動速度の違いを反映していた．

図7.3e〜hは，各樹木種における親木から散布された場所までの直線距離ごとの平均ICを表している．ICは地形を量的に表す指標であり，この値がプラスであれば尾根筋，マイナスであれば谷筋であることを示している．ヤマモモとタブノキの種子は尾根筋に，他方バリバリノキは谷筋に散布されていたが，

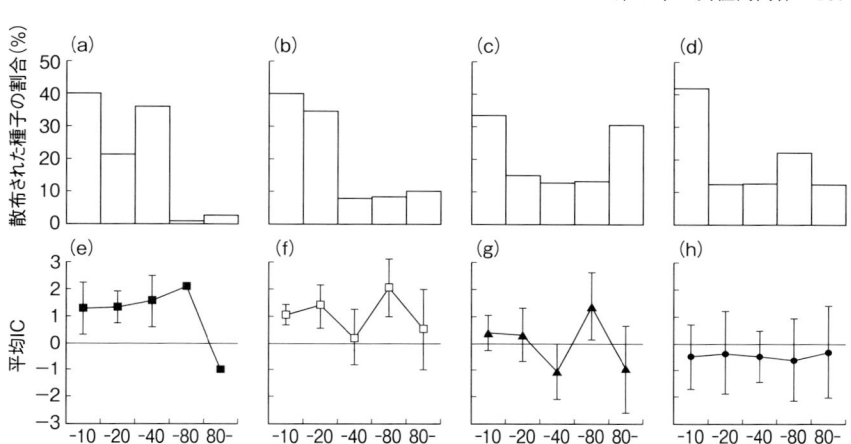

図 7.3 屋久島低地林において親木からニホンザルによって散布された場所までの直線距離ごとの種子の割合（上）と平均 IC（下）．(a)(e)がヤマモモ，(b)(f)がタブノキ，(c)(g)がシロダモ，(d)(h)がバリバリノキ．（Tsujino and Yumoto, 2009 の Fig. 2 を改変）

シロダモは散布に地形的な偏りは見られなかった．この傾向は親木の地形的な分布の偏りと一致しており，この結果はサルによる散布により，おそらく生存率の高い地形に散布されていることを示唆していると考えられた．

7.3 異種混群

同所的に生息する動物種の少なくとも 1 種の群れが積極的に他種の群れに接近して形成される混群という現象が知られている．これは接近する側の種にとっては何らかの利益があるとの予測が立つ．

(1) 研究例 57——異種混群のメリット

第 4 章でヤクシカの落葉食に関する研究例 15 を紹介したが，その一部は同所的にすんでいるニホンザルが樹上から落とした葉が含まれる．葉以外にもサルは果実，種子，枝などシカが首を伸ばしても届かない樹上の食物を落としてシカに提供してくれるのである（図 7.4）．シカはサルが落としてくれる食物にどれくらい依存しているのかという疑問にも，この研究は答えてくれている．

図7.4 屋久島低地林においてニホンザルの群れが採食する樹下に集まるニホンジカ．(中川尚史撮影)

データセット

- [調査地] 屋久島低地林（鹿児島県）
- [対象種] ヤクシカ（*Cervus nippon yakushimae*）
- [観察期間] 2002年4月～2006年6月
- [観察法] 個体追跡（オトナ雄5頭，オトナ雌6頭，コドモ4頭）
- [記録法] 瞬間（2分間隔）

結果と考察

表7.1を見るとわかるように，サルが提供してくれる食物には季節差があり，春が最小で1.7%，秋が最大で10.9%，年間平均7.0%であった．中でも大きな割合を占めるのが，落下果実・種子4%，緑の落葉2.3%であった．また，変わった食物としてサルの糞があり，0.1%を占めた．反芻胃をもっているシカは，サルが未消化で糞として排泄した繊維などもまだ食物となりうるのである．

表7.1 シカがサルから供給された食物の季節別構成．

	木本の落葉（色別）			落枝	落果／種子	木本の生葉	サルの糞	合計
	緑	赤黄	褐色					
春	1.1	0.0	0.0	0.0	0.6	0.0	0.0	1.7
夏	1.3	0.5	0.0	0.3	4.2	0.2	0.3	6.8
秋	2.8	0.4	0.0	1.0	6.7	0.0	0.0	10.9
冬	3.9	0.1	0.0	0.2	4.5	0.0	0.1	8.8
年平均	2.3	0.2	0.0	0.4	4.0	0.0	0.1	7.0

シカの食物全体に占める割合（%）で表されている．(Agetsuma *et al.*, 2011のTable 3より作成)

ちなみに，ここで含まれるサルが提供してくれる食物は，シカを観察中にサルが落としたもの，サルの食痕がついているもの，そしてまさにサルの落としものであるところの糞だけであり，過小評価であることに注意されたい．

(2) 研究例58——異種混群の形成メカニズム

シカがサルが樹上から落とす食物に依存しているのであれば，サルの発する音声に惹かれてシカが集まってくることもあるかもしれない．ニホンザルが発するクーコールをあらかじめ録音しておき，サルもシカも葉を食べるクスノキの木の下に置いたスピーカーから再生し，ビデオ撮影をして集まってくるシカの頭数を数える音声プレイバック実験という野外実験 (Koda, 2012) を紹介する．1回の実験は3段階から構成されている．第1段階は10分間の実験前段階で，CDの再生を開始して観察者がそこから離れる間，音は流れない．第2段階がクーコールが再生される20分間の実験段階で，第3段階は実験後段階で再び10分間無音を続けた．これとは別にまったく無音が40分続く対照実験も行った．実験は20回，対照実験は13回行われた．

データセット
- [調査地] 屋久島低地林 (鹿児島県)
- [対象種] ヤクシカ (*Cervus nippon yakushimae*)
- [観察期間] 2002年10月
- [観察法] 全生起 (定点)
- [記録法] 連続

結果と考察

実験段階と実験後段階において，音声プレイバック実験と対照実験の間に現れたシカ頭数に有意差が認められ，プレイバック実験中で多くのシカが観察された．この結果から，シカは異種の音声であるニホンザルの音声を用いて採食効率を高めていることが示唆された．

おわりに

　井上と中川は，京都大学理学部の「野外調査法（人類）」と題する生物学実習の中で，ニホンザルの行動観察法を3回（年）生対象に教示してきた．この実習では「はじめに」で紹介した2冊の本を，長年教科書として使用してきたのだが，これらがすでに絶版となり，また内容的にも若干古くなってきたことから，新しい教科書をつくれればよいなあ，と話していた．そんな折，東京大学出版会編集部の光明義文さんから中川が別の内容の本の企画のご相談を受けた．その企画自体，たいへん重要でわれわれとしてもありがたいものであったのだが，類書（英文）が出版されたところであったことを理由に，われわれの腹案をダメモトで提案してみた．すると予期に反して（？），前向きに検討していただけるとの回答を得た．ただし，ひとつ条件がついた．読者層を広げるために，対象動物をサルに限定せず，哺乳類全般にまで広げることである．この条件自体はわれわれも望むところであったが，サル以外の哺乳類を対象に研究をした経験が少ないわれわれだけでは正直心もとなかった．そこで南の力を借り，この難局をクリアすることにした．ちなみに南と中川は，本書でも何度も登場した宮城県の金華山島で，長年それぞれシカとサルを対象に研究をしてきた旧知の仲であり，行動観察の重要性についても意気投合していた．

　実際，執筆を開始してからはわれながらじつにスムーズに進行したように思う．第1部「方法編」を先の実習を実質的に取り仕切っている井上が，第2部「実践編」のうちニホンザルについては中川が，それ以外の哺乳類については主に南が，それぞれ草稿を書き上げ，その後担当以外の箇所もそれぞれが加筆して完成させていった．東京大学出版会のお決まりの流れなのだろうが，構成案，サンプル原稿，パイロット原稿，第一次原稿，第二次原稿，最終原稿と，いくつもの段階の原稿についてそれぞれ締め切りを設定され，提出を求められた．ついていくのがきついところもあったが，おかげで執筆も順調に進み，構成案の提出からほぼ1年で，最終原稿を脱稿することができた．

　本書完成までの過程では，さまざまな方々のお世話になった．何よりもまず

光明さんには，本企画が出版社内のスクリーニングをパスすべく最大限のバックアップをいただき，その後はわれわれが気持ちよく，かつスムーズに執筆が進む環境を整えていただいた．工藤慎一さんには，第1部第3章3.2節「データ分析」の内容について助言をいただいた．塚田英晴さん，中村匡男さん，山本成三さんからは貴重な対象動物の写真を，杉浦秀樹さんと井上さと子さんからはサルの絵を，杉浦さんと樋口尚子さんからはそれぞれサルとシカの個体識別表のサンプルを提供いただいた．塚田英晴さん，佐藤善和さん，小林万里さん，福江祐子さんには，文献のご教示をいただいた．

　また，この本の第1部で書いた観察のノウハウは，先の実習を担当してきた京都大学理学部人類進化論研究室の歴代教員の積み重ねに拠るところが大きい．とくに，井上の前の実習担当者であった中村美知夫さんが作成されたサルの顔写真のホームページには助けられている．さらに，こうして蓄積されたノウハウが実習中の経験に拠るところが大きいことを考えると，実習の実施場所である嵐山モンキーパークいわたやまの浅葉慎介園長はじめ園のスタッフの方々のご協力なしには本書は成立しなかったといえる．以上の方々に，篤くお礼を申し上げる．

井上英治・中川尚史・南　正人

さらに学びたい人へ

<方法全般>
P. マーティン・P. ベイトソン（粕谷英一・近雅博・細馬宏通訳）（1990）行動研究入門――動物行動の観察から解析まで．東海大学出版会．
Martin, P. and P. Bateson (2007) Measuring Behaviour: An Introductory Guide (3rd ed.). Cambridge University Press.
坂上昭一・中村登流・杉山幸丸（1977）生態学研究法講座22　動物社会研究法．共立出版．
高畑由起夫（1985）ニホンザルの生態と観察．ニュー・サイエンス社．

<観察方法>
Altmann, J. (1974) Observational study of behavior: sampling methods. Behaviour 49: 229–267.
佐藤衆介・近藤誠司・田中智夫・楠瀬良・森裕司・伊谷原一（編）（2011）動物行動図説――家畜・伴侶動物・展示動物．朝倉書店．

<解析方法>
T. C. グラップ, Jr.（樋口広芳・小山幸子訳）（1989）野外鳥類学への招待．新思索社．
市原精志（1990）バイオサイエンスの統計学．南江堂．
粕谷英一（1998）生物学を学ぶ人のための統計のはなし．文一総合出版．
久保拓弥（2012）データ解析のための統計モデリング入門．岩波書店．

<発表方法>
濱尾章二（2010）フィールドの観察から論文を書く方法．文一総合出版．
酒井聡樹（2002）これから論文を書く若者のために．共立出版．
酒井聡樹（2008）これから学会発表をする若者のために．共立出版．

＜直接観察に拠らない哺乳類の生態研究法＞
バイオロギング研究会（編）（2011）バイオロギング――最新科学で解明する動物生態学．京都通信社．
羽山伸一・三浦慎悟・梶光一・鈴木正嗣（編）（2012）野生動物管理――理論と技術．文永堂出版．
今泉忠明（2004）野生動物観察事典．東京堂出版．
門崎充昭（2009）野生動物調査痕跡学図鑑．北海道出版企画センター．
佐藤克文・森阪匡通（2013）サボり上手な動物たち――海の中から新発見！ 岩波書店．

＜危険な生物＞
羽根田治（2004）野外毒本――被害実例から知る日本の危険生物．山と渓谷社．
神山恒夫（2004）これだけは知っておきたい人獣共通感染症――ヒトと動物がよりよい関係を築くために．地人書館．
日本自然保護協会編集・監修（1994）野外における危険な生物．平凡社．

＜日本産哺乳類図鑑＞
今泉吉典（1960）原色日本哺乳類図鑑．保育社．
小宮輝之（監修）（2010）（増補改訂）日本の哺乳類．学研教育出版．
Ohdachi, S., Ishibashi, Y., Iwasa, M. A. and T. Saitoh (eds.) (2009) The Wild Mammals of Japan. Shoukadoh.

＜直接観察に基づく日本産哺乳類の行動（古典）＞
今西錦司・河合雅雄（1971）日本動物記Ⅰ．思索社．
伊谷純一郎（1971）高崎山のサル．思索社（2010年講談社学術文庫）．
伊谷純一郎・徳田喜三郎（1971）幸島のサル――その性行動．思索社．
伊沢紘生（編）（1981）下北のサル．どうぶつ社．
伊沢紘生（1982）ニホンザルの生態――豪雪の白山に野生を問う．どうぶつ社．
河合雅雄（1969）ニホンザルの生態．河出書房新社（1981年河出文庫）．
川村俊蔵・徳田喜三郎（1971）日本動物記Ⅳ．思索社．
和田一雄（1979）野生ニホンザルの世界――志賀高原を中心とした生態．講談

社．

＜直接観察に基づく日本産哺乳類の行動＞
土肥昭夫・岩本俊孝・三浦慎悟・池田啓（1997）哺乳類の生態学．東京大学出版会．
船越公威・福井大・河合久仁子・吉行瑞子（2007）コウモリのふしぎ．技術評論社．
羽田健三（監修）（1985）ニホンカモシカの生活．築地書館．
糸魚川直祐（1997）サルの群れの歴史——岡山県勝山集団の36年の記録．どうぶつ社．
伊沢紘生（2009）野生ニホンザルの研究．どうぶつ社．
川道武男（1994）ウサギがはねてきた道．紀伊國屋書店．
川道武男・川道美枝子（1991）けものウォッチング．京都新聞社．
木村李花子（1993）ユルリ島の馬——動物行動学的接近の愉楽．馬の博物館．
岸元良輔（1992）ニホンカモシカ——フィールド・ウォッチング．飯田市美術博物館．
熊谷さとし・三笠暁子・大沢夕志・大沢啓子（2002）コウモリ観察ブック．人類文化社．
Leca, J. B., Huffman, M. A. and P. L. Vasey (eds.) (2012) The Monkeys of Stormy Mountain. Cambridge University Press.
松村澄子（1988）コウモリの生活戦略序論．東海大学出版会．
丸橋珠樹・山極寿一・古市剛史（1986）屋久島の野生ニホンザル．東海大学出版会．
McCullough, D. R., Takatsuki, S. and K. Kaji (eds.) (2009) Sika Deer. Springer.
三浦慎悟（1998）社会（哺乳類の生物学④）．東京大学出版会．
宮原義夫（2003）カヤネズミの話．上毛新聞社出版局．
森梅代・宮藤浩子（1986）ニホンザルメスの社会的発達と社会関係．東海大学出版会．
中川尚史（1994）サルの食卓——採食生態学入門．平凡社．
中川尚史（1999）食べる速さの生態学——サルたちの採食戦略．京都大学学術出版会．

Nakagawa, N., Nakamichi, M. and H. Sugiura（eds.）（2010）The Japanese Macaques. Springer.

中川尚史・友永雅己・山極寿一（編）（2012）日本のサル学のあした――霊長類研究という「人間学」の可能性．京都通信社．

中道正之（1999）ニホンザルの母と子．福村出版．

中島福男（1993）森の珍獣ヤマネ――冬眠の謎を探る．信濃毎日新聞社．

名和明（2009）森の賢者カモシカ．サンライズ出版．

野紫木洋（1995）オコジョの不思議．どうぶつ社．

落合啓二（1992）カモシカの生活誌．どうぶつ社．

大井徹・増井憲一（編）（2002）ニホンザルの自然誌――その生態的多様性と保全．東海大学出版会．

大町山岳博物館（編）（1991）カモシカ――氷河期を生きた動物．信濃毎日新聞社．

岡崎弘幸（2004）ムササビに会いたい！　晶文社．

関谷圭史（1998）信州のタヌキ．郷土出版社．

髙橋春成（2001）イノシシと人間．古今書院．

高畑由起夫・山極寿一（編）（2000）ニホンザルの自然社会――エコミュージアムとしての屋久島．京都大学学術出版会．

高槻成紀（1998）生態（哺乳類の生物学⑤）．東京大学出版会．

高槻成紀（2006）シカの生態誌．東京大学出版会．

高槻成紀・南正人（2010）野生動物への２つの視点――"虫の目"と"鳥の目"．筑摩書房．

高槻成紀・山極寿一（編）（2008）日本の哺乳類学②中大型哺乳類・霊長類．東京大学出版会．

田村典子（2011）リスの生態学．東京大学出版会．

田中伊知郎（1999）知恵はどう伝わるか――ニホンザルの親から子へ渡るもの．京都大学学術出版会．

和田一雄・伊藤徹魯・新妻昭夫・羽山伸一・鈴木正嗣（編）（1986）ゼニガタアザラシの生態と保護．東海大学出版会．

山極寿一（2006）サルと歩いた屋久島．山と溪谷社．

引用文献

Agetsuma, N. (1995) Foraging synchrony in a group of Yakushima Macaques (*Macaca fuscata yakui*). Folia Primatol. 64: 167-179.

Agetsuma, N. and N. Nakagawa (1998) Effects of habitat differences on feeding behaviors of Japanese monkeys: comparison between Yakushima and Kinkazan. Primates 39: 275-289.

Agetsuma, N., Agetsuma-Yanagihara, Y. and H. Takafumi (2011) Food habits of Japanese deer in an evergreen forest: litter-feeding deer. Mamm. Biol. 76: 201-207.

Altmann, S. A. (1965) Sociobiology of rhesus monkeys. II. Stochastics of social communication. J. Theor. Biol. 8: 490-577.

Endo, A. and A. Doi (2002) Multiple copulations and post-copulatory guarding in a free-living population of Sika Deer (*Cervus nippon*). Ethology 108: 739-747.

Enomoto, T. (1974) The sexual behavior of Japanese monkeys. J. Hum. Evol. 3: 352-372.

藤田志歩 (2008) 繁殖にかかわる生理と行動——ニホンザル. 日本の哺乳類学②中大型哺乳類・霊長類 (高槻成紀・山極寿一編), 東京大学出版会, pp. 100-122.

Fujita, S., Sugiura, H., Mitsunama, F. and K. Shimizu (2004) Hormone profiles and reproductive characteristics in wild female Japanese macaques (*Macaca fuscata*). Am. J. Primatol. 64: 367-375.

Go, M. (2010) Seasonal changes in food resource distribution and feeding sites selected by Japanese macaques on Koshima Islet, Japan. Primates 51: 149-158.

Hanya, G. (2004) Diet of a Japanese macaque troop in the coniferous forest of Yakushima. Int. J. Primatol. 25: 55-71.

Hanya, G., Kiyono, M., Takafumi, H., Tsujino, R. and N. Agetsuma (2007) Mature leaf selection of Japanese macaques: effect of availability and chemical content. J. Zool. 273: 140-147.

Huffman, M. A. (1984) Stone-play of *Macaca fuscata* in Arashiyama B troop: transmission of a non-adaptive behavior. J. Hum. Evol. 13: 725-735.

Inoue, E. and O. Takenaka (2008) The effect of male tenure and female mate choice on paternity in free-ranging Japanese macaques. Am. J. Primatol. 70: 62-68.

井上良和・川道武男 (1976) 奈良シカの行動 II 子鹿の行動発達. 昭和50年度天然記念物「奈良のシカ」調査報告, pp. 31-46.

Kato, J. (1985) Food and hoarding behavior of Japanese squirrels. Jap. J. Ecol. 35: 13-20.

Kawamichi, M. (1996) Ecological factors affecting annual variation in commencement of hibernation in wild chipmunks (*Tamias sibiricus*). J. Mamm. 77: 731-744.

Kawamichi, T. (1970) Social pattern of the Japanese pika, *Ochotona hyperborea yesoensis*, preliminary report. J. Fac. Sci. Hokkaido Univ. Ser. VI Zool. 17: 462–473.

Kawamichi, T. (1997a) Seasonal changes in the diet of Japanese giant flying squirrels in relation to reproduction. J. Mamm. 78: 204–212.

Kawamichi, T. (1997b) The age of sexual maturity in Japanese giant flying squirrels, *Petaurista leucogenys*. Mammal Study 22: 81–87.

Kawamichi, T. (1998) Seasonal changes in the testis size of the Japanese giant flying squirrels, *Petaurista leucogenys*. Mammal Study 23: 79–82.

Kawamichi, T., Kawamichi, M. and R. Kishimoto (1987) Social organizations of solitary mammals. In: Animal Societies; Theories and Facts (Ito, Y., Brown, J. L. and J. Kikkawa, eds.). Japan Sci. Soc. Press, Tokyo, pp. 173–188.

Kimura, R. (1998) Mutual grooming and preferred associate relationships in a band of free-ranging horses. Appl. Anim. Behav. Sci. 59: 265–276.

Kishimoto, R. (1988) Age and sex determination of the Japanese Serow *Capricornis crispus* in the field study. J. Mamm. Soc. Jap. 13: 51–58.

Kishimoto, R. (1989) Early mother and kid behavior of a typical "follower", Japanese serow *Capricornis crispus*. Mammalia 55: 165–176.

岸元良輔（1992）ニホンカモシカ――フィールド・ウォッチング，飯田市美術博物館．

Koda, H. (2012) Possible use of heterospecific food-associated calls of macaques by sika deer for foraging efficiency. Behav. Process. 91: 30–34

久保拓弥（2012）データ解析のための統計モデリング入門，岩波書店．

Kutsukake, N. and D. L. Castles (2001) Reconciliation and variation in post-conflict stress in Japanese macaques (*Macaca fuscata fuscata*): testing the integrated hypothesis. Anim. Cogn. 4: 259–268.

Leca, J.-B., Gunst, N. and M. A. Huffman (2007) Japanese macaque cultures: inter- and intra-troop behavioral variability of stone handling patterns across 10 troops. Behaviour 144: 251–281.

Matsubara, M. (2003) Costs of male guarding and opportunistic mating among wild male Japanese Macaques. Int. J. Primatol. 24: 1057–1075.

松浦友紀子・佐藤喜和（2000）子連れ雌の育児コスト――大雪山国立公園黒岳地域におけるヒグマの生態調査3．Bear Japan（日本クマネットワークニュースレター），1: 47–48.

南正人（2008）個体史と繁殖成功――ニホンジカ．日本の哺乳類学②中大型哺乳類・霊長類（高槻成紀・山極寿一編），東京大学出版会，pp. 123–148.

Minami, M. and T. Kawamichi (1992) Vocal repertories and classification of the Sika deer *Cervus nippon*. J. Mamm. Soc. Jap. 17: 71–94.

Minami, M., Ohnishi, N., Okada, A. and S. Takatsuki (2009a) Reproductive ecology of Sika deer on Kinkazan Island, Northern Japan: reproductive success of males and multi-mating of females. In: Sika Deer (McCullough, D. R., Takatsuki, S. and K. Kaji, eds.).

Springer, pp. 297-317.

Minami, M., Ohnishi, N., Higuchi, N., Okada, A. and S. Takatsuki (2009b) Life-time reproductive success of female Sika deer on Kinkazan Island, Northern Japan. In: Sika Deer (McCullough, D. R., Takatsuki, S. and K. Kaji eds.). Springer, pp. 319-326.

Minami, M., Ohnishi, N. and S. Takatsuki (2009c) Survival patterns of male and female Sika deer on Kinkazan Island, Northern Japan. In: Sika Deer (McCullough, D. R., Takatsuki, S. and K. Kaji eds.). Springer, pp. 375-384.

Miura, S. (1984) Social behavior and territoriality in male Sika deer (*Cervus nippon* Temminck 1838) during the rut. Z. Tierpsychol. 64: 33-73.

Morton, E. S. (1977) On the occurrence and significance of motivation-structural rules in some bird and mammal sounds. Am. Nat. 111: 855-869.

Muroyama, Y. (1991) Mutual reciprocity of grooming in female in Japanese macaques (*Macaca fuscata*). Behaviour 119: 161-170.

Nakagawa, N. (1989) Bioenergetics of Japanese monkeys (*Macaca fuscata*) on Kinkazan Island during winter. Primates 30: 441-460.

Nakagawa, N. (1990) Choice of food patches by Japanese monkeys (*Macaca fuscata*). Am. J. Primatol. 21: 17-29.

中川尚史 (1994) サルの食卓――採食生態学入門，平凡社．

Nakagawa, N. (1997) Determinants of the dramatic seasonal changes in the intake of energy and protein by Japanese monkeys in a cool temperate forest. Am. J. Primatol. 41: 267-288.

中川尚史 (1997) 金華山のニホンザルの定量的食物品目リスト――付記：霊長類の食性調査法と記載法の傾向．霊長類研究 13: 73-89．

中川尚史 (1999) 食べる速さの生態学――サルたちの採食戦略，京都大学学術出版会．

Nakamichi, M. (1989) Sex differences in social development during the first 4 years in a free-ranging group of Japanese monkeys, *Macaca fuscata*. Anim. Behav. 38: 737-748.

中道正之・山田一憲・大塚典子・今川真治・安田純・志澤康弘 (2004) 勝山ニホンザル集団での出産観察と母親行動に関する事例報告．霊長類研究 20: 31-43．

Nakatani, J. and Y. Ono (1994) Social groupings of Japanese wild boar *Sus scrofa leucomystax* and their changes in the Rokko Mountains. J. Mamm. Soc. Jap. 19: 45-55.

名和明 (2009) 森の賢者カモシカ，サンライズ出版．

新妻昭夫 (1986) ゼニガタアザラシの社会生態と繁殖戦略．ゼニガタアザラシの生態と保護 (和田一雄・伊藤徹魯・新妻昭夫・羽山伸一・鈴木正嗣編)，東海大学出版会，pp. 59-102.

落合啓二 (2008) 社会構造と密度変動――ニホンカモシカ．日本の哺乳類学②中大型哺乳類・霊長類 (高槻成紀・山極寿一編)，東京大学出版会，pp. 172-199.

Ochiai, K. and K. Susaki (2002) Effects of territoriality on population density in the Japanese serow (*Capricornis crispus*). J. Mamm. 83: 964-972.

Ochiai, K. and K. Susaki (2007) Causes of natal dispersal in a monogamous ungulate, the Japanese serow, *Capricornis cripus*. Anim. Behav. 73: 125–131.
岡田あゆみ (2008) 遺伝学と生態学——ニホンジカ．日本の哺乳類学②中大型哺乳類・霊長類 (高槻成紀・山極寿一編)，東京大学出版会，pp. 272–294.
Saito, C., Sato, S., Suzuki, S., Sugiura, H., Agetsuma, N., Takahata, Y., Sasaki, C., Takahashi, H., Tanaka, T. and J. Yamagiwa (1998) Aggressive intergroup encounters in two populations of Japanese macaques (*Macaca fuscata*). Primates 39: 303–312.
Shimada, M. (2006) Social object play among young Japanese macaques (*Macaca fuscata*) in Arashiyama, Japan. Primates 47: 342–349.
Soltis, J., Thomsen, R. and O. Takenaka (2001) The interaction of male and female reproductive strategies and paternity in wild Japanese macaques, *Macaca fuscata*. Anim. Behav. 62: 485–494.
Stafford, B., Thorington, Jr. R. W. and T. Kawamichi (2002) Gliding behavior of Japanese giant flying squirrels (*Petaurista leucogenys*). J. Mamm. 83: 553–562.
Sugiura, H. (2007) Effects of proximity and behavioral context on acoustic variation in the coo calls of Japanese macaques. Am. J. Primatol. 69: 1412–1424.
Suzuki, M. and H. Sugiura (2011) Effects of proximity and activity on visual and auditory monitoring in wild Japanese macaques. Am. J. Primatol. 73: 623–631.
Suzuki, S., Hill, D. A. and D. S. Sprague (1998) Intertroop transfer and dominance rank structure of nonnatal male Japanese macaques in Yakushima, Japan. Int. J. Primatol. 19: 703–722.
Takahashi, H. (1997) Huddling relationships in night sleeping groups among wild Japanese macaques in Kinkazan Island during winter. Primates 38: 57–68.
Takahashi, H. and K. Kaji (2001) Fallen leaves and unpalatable plants as alternative foods for sika deer under food limitation. Eco. Res. 16: 257–262.
高畑由起夫 (1985) ニホンザルの生態と観察，ニュー・サイエンス社．
Tamura, N. (1989) Snake-directed mobbing by the Formosan squirrel *Callosciurus erythraeus thaiwanensis*. Behav. Ecol. Sociobiol. 24: 175–180.
Tamura, N. (1995) Postcopulatory mate guarding by vocalization in the Formosan squirrel. Behav. Ecol. Sociobiol. 36: 377–386.
田村典子 (2011) リスの生態学，東京大学出版会．
Tamura, N., Hayashi, F. and K. Miyashita (1988) Dominance hierarchy and mating behavior of the Formosan squirrel, *Callosciurus erythraeus thaiwanensis*. J. Mamm. 69: 320–331.
Tanaka, I. (1992) Three phases of lactation in free-ranging Japanese macaques. Anim. Behav. 44: 129–139.
Tanaka, I. (1995) Matrilineal distribution of louse egg-handling techniques during grooming in free-ranging Japanese macaques. Am. J. Phys. Anthropol. 98: 197–201.

Toyama, C., Kobayashi, S., Denda, T., Nakamoto, A. and M. Izawa (2012) Feeding behavior of the Orii's flying-fox, *Pteropus dasymallus inopinatus*, on *Mucuna macrocarpa* and related explosive opening of petals, Okinawajima Island in the Ryukyu Archipelago, Japan. Mammal Study 37: 205-212.

Tsuji, Y. and S. Takatsuki (2004) Food habits and home range use of Japanese macaques on an island inhabited by deer. Eco. Res. 19: 381-388.

辻大和・和田一雄・渡邊邦夫 (2011) 野生ニホンザルの採食する木本植物. 霊長類研究 27: 27-49.

辻大和・和田一雄・渡邊邦夫 (2012) 野生ニホンザルの採食する木本植物以外の食物. 霊長類研究 28: 21-48.

Tsujino, R. and T. Yumoto (2009) Topography-specific seed dispersal by Japanese macaques in a lowland forest on Yakushima Island, Japan. J. Anim. Ecol. 78: 119-125.

Tsukada, H. (1997) Acquisition of food begging behavior by red foxes in the Shiretoko National Park, Hokkaido, Japan. Mammal Study 22: 71-80.

Watanabe, K. (1979) Alliance formation in a free-ranging troop of Japanese macaques. Primates 20: 459-474.

Watanuki, Y. and Y. Nakayama (1993) Age difference in activity pattern of Japanese monkeys: effects of temperature, snow, and diet. Primates 34: 419-430.

Yamada, K., Nakamichi, M., Shizawa, Y., Yasuda, J., Imakawa, S., Hinobayashi, T. and T. Minami (2005) Grooming relationships of adolescent orphans in a free-ranging group of Japanese macaques (*Macaca fuscata*) at Katsuyama: a comparison among orphans with sisters, orhans without sisters, and females with a surviving mother. Primates 46: 145-150.

Yamada, M. and M. Urabe (2007) Relationship between grooming and tick threat in sika deer *Cervus nippon* in habitats with different feeding conditions and tick densities. Mammal Study 32: 105-114.

索引

ア行

遊び　121, 122, 156
アドリブサンプリング　35
異種混群　167, 169
移出入　105, 106, 108
一般化線形混合モデル　56
一般化線形モデル　55
一夫多妻　111
移動　69, 73, 75, 76, 79, 80, 82, 84, 100
餌乞い　116-118
餌付け　1, 19, 78
援助　120
雄間競争　104, 111, 138, 140, 142, 147, 159
音声　21, 123, 125, 126, 140
（音声）プレイバック　128, 163, 169

カ行

回帰分析　55
灰分（含有量）　99, 100
家系　19, 116
仮説　3, 6, 7, 53
片側検定　53, 54
活動（の）時間配分　72, 74, 75, 78, 79, 83, 84
花粉散布　164, 165
カロリー摂取量　96
観察時間帯　9
観察法　34, 59
気温　79, 80, 134
記述的なデータ　48
擬人主義　30
季節差　63, 64, 68, 73, 74, 79, 89, 94, 96, 110, 168
救荒食　96, 99
休息　73, 75, 76, 78, 80, 125
記録法　35, 59
近接　27, 47, 125, 130, 131, 133-135, 156
クーコール　123, 125, 169
グループ構成　109, 110
グルーミング　27, 73, 75-78, 112-114, 116, 118, 125, 130-136, 156
警戒　85, 86, 110, 128, 129, 163
血縁　112-114, 120, 132, 133, 135, 136, 163
血縁選択　113
検定　51, 53
コアエリア　63, 64, 163
攻撃　67, 102, 118, 128, 139, 158, 162
行動圏　20, 63, 64, 67-70, 108
行動の定義　27
行動目録　29, 139, 140
交尾　83, 84, 111, 129, 138, 140-147, 150
交尾期　68, 91, 111, 126, 137-140, 143
交尾成功　140
互恵性　113
こそ泥的交尾　147
個体学習　116
（個体）識別　1, 21-24, 67, 68, 90, 103, 109, 110, 117, 134, 144, 146, 153, 154, 161, 162
個体追跡サンプリング　37
コホート　104
痕跡　21

サ行

最近接個体　124, 125, 130
採食　73-78, 80-102, 125, 169
採食競争　81, 82
採食（時間）割合　89, 91, 94, 97, 99, 100, 150
採食速度　77, 92, 95, 96, 101, 102
採食量　88, 90-92
時間間隔の設定　41
シークエンスサンプリング　43
自己グルーミング　73, 78, 118
自己指向性行動　112, 118, 119
実効性比　142
GPS　15, 63, 69
社会関係　130, 134
社会行動　73, 130
社会的地位　104, 105, 139
社会的伝達　114, 115, 122
尺度水準　51
種間競争　160
種子散布　164, 165

種子トラップ　101
出欠表　46, 103, 106, 110
出産　150-152
出産期　110, 111
授乳　85, 152-155
順位（差）　83, 102, 106, 107, 133, 135, 138, 140-143, 147, 148, 163
瞬間記録　14, 40
消化阻害物質　99
食物　63, 74, 76, 82, 87-100, 167, 168
食物選択　99
（食物の）アベイラビリティー　69, 91, 96, 97, 99, 100, 102
（食物の）分布　64, 69, 74
食物パッチ選択　100
親和的行動　73, 112, 118, 119
スキャンサンプリング　41
性　24-26
性差　67, 68, 78, 79, 155, 156, 158
生存曲線　104, 105
生命表　103, 104
積雪　79, 80
セッション　28
セルフスクラッチ　78, 118
先行研究　4, 11
全生起サンプリング　42
双眼鏡　1, 15
相利共生　164
ソシオメトリック・マトリックス　45
ソナグラフ　125-127, 129

タ行

滞在期間　106, 147, 148
体重　144
対象種　4, 7, 8, 59
代表値　52
単独生活　105-108, 110, 156
タンニン（含有量）　99, 100
タンパク質（含有量）　99, 100
タンパク質摂取量　93, 96
単雄単雌　108
単雄複雌　108, 134, 135
地域差　73, 74, 77, 123, 136
地図　15
中性洗剤繊維（含有量）　99
調査許可　18
調査時期　4, 7, 9

調査地　4, 7, 8, 18, 19, 59
DNA　138, 143, 144, 146, 147
ディスプレイ　138-140
定点法　41
敵対的行動　73, 112, 120, 136, 137, 141
データ解析　5
データシート　31, 33
データ収集　4, 5, 34
データ入力　47
データのばらつき　52
データ分析　50
テーマ設定　3, 6
統計　38, 51
同調　81, 82
動物園　6, 18
土地利用　20, 63
トランゼクト　77
トレードオフ　153

ナ行

仲直り　118, 119
縄張り　63, 64, 66, 67, 104, 107-109, 117, 119, 139, 140, 144, 145
ニコ・ティンバーゲン　11
妊娠期間　148, 150
年変動　63, 64
年齢　24-26
年齢差　78, 79, 104, 110

ハ行

配偶関係　107-109
配偶形態　111
配偶者防衛　129, 144, 146, 147
バウト　28
発情　126, 140, 150
発信器　20
発達　150, 154-156
発表　5, 56, 57
ハドリング　118, 131, 133, 134
パラメトリック検定　54
繁殖成功　111, 142, 144, 146-148
PCMC法　118
非侵襲的手法　138, 143
ビデオ　19, 31, 32, 71, 72, 114, 122, 152, 169
人付け　1, 19
ピボットテーブル　47, 49, 50
フィールドノート　1, 14, 16, 31, 32

父子判定　138, 143, 144, 146, 147
文化　122
ボイスレコーダー　31, 33, 120, 125, 151
包括適応度　163
方形区　69, 96, 99
頬袋　73, 96, 166
母系社会　106, 117, 135
母子　112, 113, 130, 135, 154, 156
捕食・被食　160, 162
ホルモン　12, 148

マ行

マイクロフォン　34
マウンティング　83, 84, 118, 140, 145-147
マーキング　21
稀な行動　36, 50
見回し　123, 124
群れ間関係　136, 137
群れサイズ　82, 105
雌の選択　147
モデル選択　51, 53, 56
モニタリング　123

モビング　128, 162, 163

ヤ行

野猿公苑　6, 18, 19
有意差　53, 54
遊動域　63
予測　4, 7
予備観察　4, 6, 7, 10, 35

ラ行

利他行動　113, 163
両側検定　53
量的なデータ　47, 50
ルート踏査　44
齢構成　103, 105
齢別死亡率　104
連続記録　39
録音機　34
論文　57

ワ行

ワンゼロ記録　14, 39

著者略歴

井上英治（いのうえ・えいじ）

1978 年　東京に生まれる．
2007 年　京都大学大学院理学研究科博士後期課程修了．
現　在　京都大学大学院理学研究科助教，理学博士．
専　門　霊長類学．
主　著　"The Monkeys of Stormy Mountain"（分担執筆，2012年，Cambridge University Press），"From Genes to Animal Behavior"（分担執筆，2011年，Springer），『遺伝子の窓から見た動物たち』（分担執筆，2006年，京都大学学術出版会）．

中川尚史（なかがわ・なおふみ）

1960 年　大阪に生まれる．
1989 年　京都大学大学院理学研究科博士後期課程修了．
現　在　京都大学大学院理学研究科准教授，理学博士．
専　門　霊長類学．
主　著　"Monkeys, Apes, and Humans: Primatology in Japan"（共著，2013年，Springer），"The Japanese Macaques"（共編著，2010年，Springer），『サバンナを駆けるサル——パタスモンキーの生態と社会』（2007年，京都大学学術出版会）．

南　正人（みなみ・まさと）

1957 年　京都に生まれる．
1990 年　大阪市立大学大学院理学研究科後期博士課程修了．
現　在　麻布大学獣医学部動物応用科学科講師，理学博士．
専　門　哺乳類社会生態学．
主　著　『野生動物への2つの視点』（共著，2010年，筑摩書房），"Sika Deer: Biology and Management of Native and Introduced Populations"（分担執筆，2009年，Springer），『日本の哺乳類学② 中大型哺乳類・霊長類』（分担執筆，2008年，東京大学出版会）．

野生動物の行動観察法
実践 日本の哺乳類学

2013 年 8 月 20 日　初　版

［検印廃止］

著　者　井上英治・中川尚史・南　正人

発行所　一般財団法人　東京大学出版会
　　　　代表者　渡辺　浩
　　　　113-8654 東京都文京区本郷 7-3-1 東大構内
　　　　電話 03-3811-8814　Fax 03-3812-6958
　　　　振替 00160-6-59964
印刷所　研究社印刷株式会社
製本所　矢嶋製本株式会社

© 2013 Eiji Inoue et al.
ISBN 978-4-13-062223-3　Printed in Japan

[JCOPY] 〈(社)出版者著作権管理機構　委託出版物〉
本書の無断複写は著作権法上での例外を除き禁じられています．複写される場合は，そのつど事前に，(社)出版者著作権管理機構（電話 03-3513-6969，FAX 03-3513-6979，e-mail:info@jcopy.or.jp）の許諾を得てください．

大泰司紀之・三浦慎悟[監修]

日本の哺乳類学

[全3巻]　●A5判上製カバー装／第1, 3巻320頁, 第2巻480頁
　　　　　●第1, 3巻4400円, 第2巻5000円

第1巻　小型哺乳類　　　本川雅治[編]

第2巻　中大型哺乳類・霊長類
　　　　　　　高槻成紀・山極寿一[編]

第3巻　水生哺乳類　　　加藤秀弘[編]

ここに表示された価格は本体価格です．ご購入の際には消費税が加算されますのでご了承ください．